"十二五"职业教育国家规划教材（经全国职业教育教材审定委员会审定）

全国水利行业"十三五"规划教材（职业技术教育）

水工钢结构

（第三版）

主　编　王建伟　郭旭东

主　审　李平先

U0238816

中国水利水电出版社

www.waterpub.com.cn

·北京·

内　容　提　要

本教材列入"十三五"职业教育国家规划教材，是按照教育部关于"十三五"职业教育国家规划教材编写基本要求及相关行业课程标准编写完成的。本教材主要依据最新国家标准《钢结构设计标准》（GB 50017—2017）和《水利水电工程钢闸门设计规范》（SL 74—2019）编写，共有五个学习项目，包括基础知识、钢结构的连接、钢梁、其他受力构件和平面钢闸门等。为便于教学和强化基本技能的训练，书中配有案例、简答题、选择题和计算题，书后附有相关附录。

本教材可作为高职高专院校水利水电建筑工程专业教材，也可供水利类其他专业教学使用，同时可作为水利水电工程技术人员的参考书。

图书在版编目（ＣＩＰ）数据

水工钢结构 / 王建伟，郭旭东主编. -- 3版. -- 北京：中国水利水电出版社，2019.1(2022.1重印)
"十二五"职业教育国家规划教材：经全国职业教育教材审定委员会审定　全国水利行业"十三五"规划教材. 职业技术教育
ISBN 978-7-5170-7343-7

Ⅰ. ①水… Ⅱ. ①王… ②郭… Ⅲ. ①水工结构－钢结构－高等职业教育－教材 Ⅳ. ①TV34

中国版本图书馆CIP数据核字(2019)第007653号

书　　名	"十二五"职业教育国家规划教材（经全国职业教育教材审定委员会审定）全国水利行业"十三五"规划教材（职业技术教育） **水工钢结构（第三版）** SHUIGONG GANGJIEGOU
作　　者	主编　王建伟　郭旭东 主审　李平先
出版发行	中国水利水电出版社 （北京市海淀区玉渊潭南路1号D座　100038） 网址：www.waterpub.com.cn E-mail：sales@waterpub.com.cn 电话：（010）68367658（营销中心）
经　　售	北京科水图书销售中心（零售） 电话：（010）88383994、63202643、68545874 全国各地新华书店和相关出版物销售网点
排　　版	中国水利水电出版社微机排版中心
印　　刷	天津嘉恒印务有限公司
规　　格	184mm×260mm　16开本　11.25印张　267千字
版　　次	2009年9月第1版第1次印刷 2019年1月第3版　2022年1月第2次印刷
定　　价	**32.00元**

修订说明

本教材列入"十三五"职业教育国家规划教材，是按照教育部关于"十三五"职业教育国家规划教材编写基本要求及相关行业课程标准编写修订的，是高职高专水利水电建筑工程专业及其专业群"水工钢结构"课程的通用教材。

本教材共有五个学习项目，包括基础知识、钢结构的连接、钢梁、其他受力构件和平面钢闸门。

本教材第一版、第二版、第三版分别于2009年、2015年、2019年出版发行，第一版为普通高等教育"十一五"国家规划教材，第二版为"十二五"职业教育国家规划教材，第三版成功入选"十三五"职业教育国家规划教材。

本教材主要依据最新国家标准《钢结构设计标准》（GB 50017—2017）和《水利水电工程钢闸门设计规范》（SL 74—2019），在第三版教材内容的基础上进行了全面修订、补充和完善。

本教材从高职教育的实际特点出发，在内容上加强了知识的针对性和适用性，既加强对学生实践能力的培养，也关注学生发展能力的培养。理论与实际相结合，减少理论推导，注重基本构件和连接的设计计算及有关构造规定，以"适度、够用"为准则，充分体现高等职业教育的特色。在阐述上力求做到由浅到深，循序渐进。为便于教学和强化设计计算技能的训练，书中配有案例、简答题、选择题和计算题，书后附有相关附录。

参加本教材编写修订的有：黄河水利职业技术学院王建伟（绪论、项目一），黄河水利职业技术学院郭旭东（项目二），黄河水利职业技术学院张亚坤和孟苗苗（项目三），黄河水利职业技术学院张迪（项目四、附录一至附录四），黄河水利职业技术学院方琳（项目五、附录五至附录十）。本教材由王建伟、郭旭东任主编，张迪、方琳、张亚坤任副主编，郑州大学李平先教授主审。

本教材在编写过程中参考并引用了国内同行的著作、教材和有关资料，在此对所有文献的作者深表谢意。由于作者水平有限，书中错误之处在所难免，恳请广大读者批评指正。

编者

2022 年 1 月

第三版前言

本书是根据高等职业技术教育水利水电类"水工钢结构"课程教学大纲编写，是高职高专水利水电建筑工程专业及其专业群"水工钢结构"的通用教材。

本书共分五个项目和附录，主要内容包括钢结构设计的基本知识、基本理论，基本构件和连接的设计计算与构造规定以及水工钢闸门等。

本书主要依据《钢结构设计标准》（GB 50017—2017）和《水利水电工程钢闸门设计规范》（SL 74—2013）编写。

本书从高职教育的实际特点出发，在内容上加强了知识的针对性和适用性，既加强学生实践能力培养，又关注学生发展能力培养。理论与实践相结合，减少理论推导，注重基本构件和连接的设计计算及有关构造规定，以"适度、够用"为准则，不苛求学科的系统性和完整性，充分体现高等职业教育的特色。在阐述上力求做到由浅到深、循序渐进。为便于教学和强化基本技能的训练，书中增加了有关案例、简答题、选择题和计算题，书后附有相关附录。

参加本书编写的有：黄河水利职业技术学院王建伟（绪论、项目一），黄河水利职业技术学院郭旭东（项目二），黄河水利职业技术学院胡涛（项目三），黄河水利职业技术学院张迪（项目四和附录一至附录四），黄河水利职业技术学院方琳和新乡黄河河务局封丘黄河河务局李锦香（项目五和附录五至附录十）。本书由王建伟、郭旭东任主编，张迪、胡涛任副主编，郑州大学李平先教授任主审。

本书在编写过程中参考并使用了国内同行的著作、教材和有关资料，在此对所有文献的作者深表谢意。由于作者水平有限，书中错误之处在所难免，恳请广大读者批评指正。

编者

2018 年 9 月

第二版前言

本书根据《教育部关于加强高职高专教育人才培养工作的意见》和《关于全面提高高等职业教育教学质量的若干意见》（教高〔2006〕16 号文）等文件精神，依据高等职业技术教育水利水电类《水工钢结构》教学大纲，结合示范性高等职业院校教学改革的实践经验编写。

本书主要依据《钢结构设计规范》（GB 50017—201×）（征求意见稿）和《水利水电工程钢闸门设计规范》（SL 74—2013）编写。本书共分五个项目，主要内容包括钢结构的材料与设计方法、钢结构的连接、钢梁、其他受力构件、平面钢闸门。

本书按照"工学结合"思想对原有教材结构按项目、任务进行整编，以适合"教·学·做"一体化的课程教学模式。在第一版的基础上，每个项目增加了学生学习指南，包括该项目的工作任务、知识目标和技能目标，便于学生掌握每个项目的重点知识与技能。同时，为了便于学生复习和检测学习效果，在每个项目最后增加了一定数量的选择题。

参加本书编写的有：黄河水利职业技术学院王建伟（绪论、项目一），黄河水利职业技术学院郭旭东（项目二），葛洲坝集团骆丞（项目三），黄河水利职业技术学院张迪、彭明（项目四），黄河水利职业技术学院杨春景和开封市水利建筑勘察设计院胡亚朋（项目五、附录）。全书由王建伟、彭明任主编，郭旭东任副主编，郑州大学李平先教授任主审。

本书在编写过程中参考并引用了国内同行的著作、教材和有关资料，在此对所有文献的作者深表谢意。由于作者水平有限，书中错误之处在所难免，恳请广大读者批评指正。

编者

2014 年 2 月

第一版前言

本书是根据高等职业技术教育水利水电类《水工钢结构教学大纲》编写的，是高职高专水利水电建筑工程专业及其专业群"水工钢结构"课程的通用教材。

本书主要依据国家标准《钢结构设计规范》（GB 50017—2003）和《水利水电工程钢闸门设计规范》（SL 74—95）编写。本书共分五章，主要内容包括钢结构的材料与设计方法、钢结构的连接、钢梁、其他受力构件、平面钢闸门。

本书从高职教育的实际特点出发，在内容上加强了知识的针对性和适用性，既加强学生实践能力的培养，更关注学生发展能力的培养。理论与实际相结合，减少理论推导，注重基本构件和连接的设计计算以及有关构造规定，以"适度、够用"为准则，不苛求学科的系统性和完整性，充分体现高等职业教育的特色。在阐述上力求做到由浅到深，循序渐进。为便于教学和强化基本技能的训练，书中增加了有关案例、习题和思考题，书后附有相关附录。

参加本书编写的有：黄河水利职业技术学院王建伟、白宏洁（绪论、第二章），黄河水利职业技术学院郭遂安（第一章），黄河水利职业技术学院彭明（第三章），安徽水利水电职业技术学院满广生、曲恒绪（第四章），河南开封黄河河务局曹宝田（第五章）。全书由王建伟、彭明、满广生任主编，曲恒绪任副主编，郑州大学李平先教授主审。

本书在编写过程中参考并引用了国内同行的著作、教材和有关资料，在此对所有文献的作者深表谢意。由于作者水平有限，书中错误之处在所难免，恳请广大读者批评指正。

编者

2009 年 6 月

目　录

修订说明

第三版前言

第二版前言

第一版前言

绪论 ………………………………………………………………………………………… 1

项目一　基础知识 ………………………………………………………………………… 6

　　任务一　钢材的材料 …………………………………………………………………… 6

　　任务二　钢结构的设计方法 …………………………………………………………… 15

　　学生工作任务 …………………………………………………………………………… 18

项目二　钢结构的连接 …………………………………………………………………… 21

　　任务一　连接方法及特点 ……………………………………………………………… 21

　　任务二　焊接方法及焊缝强度 ………………………………………………………… 22

　　任务三　对接焊缝连接 ………………………………………………………………… 25

　　任务四　角焊缝连接 …………………………………………………………………… 29

　　任务五　焊接应力和焊接变形 ………………………………………………………… 39

　　任务六　螺栓连接 ……………………………………………………………………… 42

　　学生工作任务 …………………………………………………………………………… 56

项目三　钢梁 ……………………………………………………………………………… 60

　　任务一　钢梁的种类和截面形式 ……………………………………………………… 60

　　任务二　钢梁的强度和刚度 …………………………………………………………… 62

　　任务三　钢梁的整体稳定 ……………………………………………………………… 70

　　任务四　型钢梁设计 …………………………………………………………………… 72

　　任务五　焊接组合梁 …………………………………………………………………… 75

　　任务六　钢梁的局部稳定 ……………………………………………………………… 79

　　任务七　钢梁的拼接、连接和支座 …………………………………………………… 82

　　学生工作任务 …………………………………………………………………………… 85

项目四　其他受力构件 …………………………………………………………………… 89

　　任务一　轴心受力构件 ………………………………………………………………… 89

　　任务二　拉弯和压弯构件 ……………………………………………………………… 100

学生工作任务 ·· 107

项目五　平面钢闸门 ·· 111

　　任务一　概述 ··· 111

　　任务二　平面钢闸门的结构布置 ·· 115

　　任务三　平面钢闸门的构造 ·· 119

　　学生工作任务 ·· 129

附录 ·· 131

　　附录一　钢材和连接的强度设计值和容许应力 ···································· 131

　　附录二　疲劳计算的构件和连接分类 ·· 135

　　附录三　梁的整体稳定系数 ·· 142

　　附录四　轴心受压构件的稳定系数 ··· 146

　　附录五　型钢表 ·· 150

　　附录六　型钢的螺栓（铆钉）准线表 ·· 166

　　附录七　螺栓和锚栓的规格 ·· 167

　　附录八　材料的摩擦系数 ·· 168

　　附录九　钢闸门自重估算公式 ·· 168

　　附录十　轴套的容许应力和混凝土的容许应力 ···································· 169

参考文献 ··· 170

绪　　论

一、概述

在工程建筑物中，由建筑材料制作的若干构件连接而组成的承重骨架称为建筑结构。按所用材料的不同，建筑结构可分为钢筋混凝土结构、钢结构、砌体结构等类型。本书主要讲述钢结构基本内容。

用型钢或钢板通过焊接或螺栓连接组成的承重结构称为钢结构。

在水利水电工程中，钢结构主要用于压力钢管（图 0-1）、钢闸门（图 0-2）、启闭机（图 0-3）等。主要构件形式为梁、柱等。这部分内容的学习任务是：构件尺寸拟定、荷载计算、内力（弯矩 M、剪力 V、压力 N 等）计算、强度计算、稳定计算等。

图 0-1　压力钢管

图 0-2　钢闸门

1. 钢结构的优点

（1）强度高，重量轻。

（2）内部组织较均匀，塑性、韧性好。

（3）可焊性好。

（4）制造简便，施工方便，装配性好。

（5）密封性好。

2. 钢结构的缺点

（1）耐热但不耐高温。

（2）耐腐蚀性差。

（3）在低温和其他条件下容易发生脆性断裂。

图 0-3　启闭机

二、钢结构的发展概况

中华人民共和国成立后，钢结构设计理论、结构制造安装等方面都有较快发展。在钢结构桥梁、大跨度工业厂房、大型公共建筑和高耸结构、水利工程等方面都有较多的应用。

在钢结构桥梁方面，1957年建成武汉长江大桥；1992年建成九江长江大桥；1993年建成的上海黄浦长江大桥，总长8346m，主桥为双塔双索面斜拉桥，主桥长846m，主跨跨径为423m。2005年建成的巫山长江大桥，是一座钢管中承式拱桥，主跨跨径492m。2008年建成通车的苏通大桥（苏州至南通），是一座双塔双索面钢箱梁斜拉桥，其主跨跨径达到1088m，主塔高度达到300.4m，为世界第二高的桥塔，主桥最长的斜拉索长达577m，也是世界最长的斜拉索。2008年建成的中央电视台新大楼，最高建筑约230m，钢结构总重120000t，是目前单体用钢量最多的钢结构工程，2013年被评为全球最佳高层建筑奖。2012年年底建成的南京长江四桥是国内跨径最大的双塔三跨悬索桥，主跨跨径达到1418m，比美国旧金山金门大桥还要长130多米，在同类桥型中居世界第三。2016年建成的龙江特大桥，主桥最大跨径为1196m，是云南省首座特大跨径钢箱梁悬索桥，也是亚洲山区最大跨径的钢箱梁悬索桥。2018年建成的港珠澳大桥，全长55km，是世界上最长的跨海大桥，其中的青洲航道桥主跨458m，采用双塔双索面钢箱梁斜拉桥。

在公共建筑方面，采用大跨度的平板网架、悬索结构等，如1990年建成的亚运村综合馆，2008年建成的拥有91000个座位的国家体育场——鸟巢，"鸟巢"钢结构总重4.2万t，最大跨度343m。

用钢结构建成的塔架、桅杆结构也较多，如黑龙江广播电视塔被称为龙塔，坐落在哈尔滨市，高336m。河南广播电视塔又称中原福塔，塔身为全钢结构，塔高388m，其中塔主体高268m，桅杆高120m，钢结构总重量约16000t，在目前已建成的世界全钢结构电视塔中高度居于第一位。

著名的三峡工程船闸闸门是"人字门"，共有12对闸门，其中最大的单扇尺寸为20.2m×38.5m×3m，是目前世界上罕见的巨型钢闸门。

随着国民经济的发展与科技进步，我国将建造更多的大跨度、高层钢结构、预应力结构。薄壁型钢尤其是压型钢板组合结构，近年来得到较快的发展。

三、钢结构的应用

钢结构在工业与民用建筑、水利、水电、水运、海洋采油等工程中的应用范围大致如下。

1. 大跨度结构

体育馆、影剧院、大会堂等公共建筑以及工厂装配车间等工业建筑，要求有较大的内部自由空间，故屋盖结构的跨度通常很大。结构跨度越大，自重在全部荷载中所占的比重也就越大，减轻自重可以获得明显的经济效果。钢材强度高而重量轻的优点尤其适合建造大跨度结构。水利枢纽升船机的承船厢，铁路、公路的桥梁等常为大跨度钢结构。

2. 活动式结构

水工结构中大量采用的钢闸门、阀门、拦污栅、船闸闸门、升船机等均为活动式结构。对于此类需要移动或转动的结构，可以充分发挥钢结构自重较轻的特点，从而降低启闭设备的造价和运转所耗费的动力。

3. 装拆式结构

在水利工程中常会遇到需要搬迁和周转使用的结构。例如施工用的钢栈桥、钢模板，装配式的混凝土搅拌楼，砂、石骨料的输送架等。由于钢结构重量轻，且可利用螺栓连接，拆卸方便，常被应用于需拆迁、移动的结构。

4. 板壳结构

由于钢板通过焊接可制成水密性、气密性较好的密闭结构，因此钢结构广泛用于大型压力管道、储油罐、储气罐和水工钢闸门等。

5. 高耸结构

高耸结构主要指承受风荷载的塔架、桅杆等结构。由于钢结构强度高、自重轻及运输安装方便，并且所需构件截面尺寸小，能减少风荷载作用，被广泛用于高耸结构中。如输电线路塔、微波塔、电视转播塔、石油钻井架等多为钢结构。

6. 海洋工程钢结构

海洋工程中的钻井、采油平台结构是由采油平台、生活平台和烽火台组成，中间由轻便的栈桥相连接。这类结构要承受平台上各种装置及机械设备的荷载以及风、浪和冰等动力荷载作用，这就利用了钢材强度高、抗震性能好以及便于海上安装等特点。

7. 受动力荷载作用的结构

重型工业厂房中的吊车起重量较大，有时作业较繁重，受动力荷载影响明显。由于钢材抵抗动力荷载的性能好，这类厂房的承重骨架和吊车梁多采用钢结构。如冶金工厂的炼钢、轧钢车间，造船厂的船体车间以及飞机制造厂的装配车间等。另外有较大锻锤或其他动力设备或振动设备的厂房，对抗震要求较高的结构也宜采用钢结构。

8. 轻型钢结构

跨度小、屋面轻的工业、民用或商用房屋、广告牌架，常采用轻型钢结构。这种钢结构是用小角钢、圆钢或冷弯薄壁型钢作为构件，其屋面和墙体采用轻型材料如压型钢板等。这类结构的优点是重量轻、用钢量省、建设速度快且外形美观，用钢量比普通钢结构节约 25%～50%。

四、水工钢结构的发展方向

水工钢结构的发展主要表现在以下几个方面。

1. 优质高强钢材的研制和应用

钢结构传统上采用普通碳素结构钢，随着冶金工业的发展，冶炼时在碳素钢里加入少量的合金元素（合金元素总含量一般为 1%～2%，不超过 5%），可得到强度高、综合机械性能好的普通低合金钢。这类钢还具有抗蚀性、耐磨性及耐低温等特殊性能。屈服强度 $f_y=345N/mm^2$ 的 16 锰（16Mn）钢在我国最为常用；其次为 15 锰钒（15MnV）钢，屈服强度 $f_y=390N/mm^2$。此外，屈服强度 $f_y=390N/mm^2$ 的 15 锰钛（15MnTi）钢，$f_y=$

400N/mm² 的 30 硅钛（30SiTi）钢以及 $f_y=450\text{N/mm}^2$ 的 15 锰钒氮（15MnVN）钢等也曾用于一些重要工程。

采用高强度低合金钢可大大节约钢材，提高结构使用寿命，同时由于构件截面尺寸减薄，还可以简化制造工艺，节约工时，利于运输和安装，对于大跨度结构更有利。如南京长江大桥、葛洲坝水利枢纽中的各类钢闸门均采用 16 锰钢或 16 锰桥钢所建造。1992 年建成的九江长江大桥采用的是 15 锰钒氮钢。2000 年建成通车的芜湖长江大桥，采用了14MnNbq，2009 年通车的被誉为"世界第一大跨径拱桥"的重庆朝天门大桥（主跨552m），采用了高性能耐候钢桥梁用钢 Q420qENH，陕西眉县渭河 2 号桥采用了高性能耐候钢桥梁用钢 Q500qDNH。

为了合理地利用材料，对于由稳定控制的构件宜采用价格较低的 Q235 钢（普通碳素钢）；对于由强度控制的构件，宜采用强度较高的 Q345、Q390、Q420 钢或 Q460 钢（高强度低合金钢）。

2. 创新结构形式

钢与混凝土组合构件充分利用了钢材抗拉和混凝土抗压的特性，且使一个构件具有多种用途，因此是一种非常合理和经济的结构。

例如目前在桥梁和房屋楼盖中应用的钢梁与钢筋混凝土板组合梁结构，钢梁与钢筋混凝土板间用抗剪件相连而使整个结构整体工作。

钢管混凝土结构也是一种组合结构，当用于受压构件时，不仅混凝土受到钢管的约束而提高了抗压强度，同时由于管内混凝土的填充也提高了钢管抗压的稳定性，因而构件的承载能力大为提高，且具有良好的塑性和韧性，经济效益显著。钢管也具有双重功能，既承受荷载，又代替了模板，因此施工很方便。

组合构件是一种很有发展前途的结构形式，有待进一步研究开发。

3. 新型连接方法

在钢构件的连接上使用最多的是焊接。不仅工厂内的构件组装和装配加固构件，而且现场的构件连接也大量采用焊接。因此要改进焊接工艺，提高焊接质量，采用二氧化碳气体保护焊、电渣焊等。研究与高强度结构钢相匹配的高质量焊接材料等。

现场连接中比焊接用得更多的是高强度螺栓连接。摩擦型高强螺栓连接具有较好的塑性和韧性，避免了焊接中存在的焊接应力和焊接变形等缺点。它不仅安装迅速，而且承受动力荷载的性能也较好。

4. 钢结构的标准化和系列化

钢结构制造工业的机械化水平需要进一步提高。改进工艺和革新设备，使有些构件可以系列化、产品化。推行水工钢结构的标准化和系列化是缩短工期、降低成本、提高劳动生产效率的有效措施。

五、本课程的任务及学习方法

水工钢结构是水利水电建筑工程专业及其专业群中的一门专业拓展技能课程。本课程的主要任务是阐述常用结构钢的工作性能、钢材的连接设计、钢结构常用构件设计方法以及平面钢闸门的结构构造等。通过本课程的学习，学生应掌握钢结构基本构件的设计理论、设计方法及其构造知识，熟悉和运用相应的钢结构设计标准，为学习专业课程和从事水工钢结构的施工与设计打下良好的基础。

学习本课程应注意以下几个方面：

（1）注重设计计算。课程内容主要包括焊接连接计算、螺栓连接计算、钢梁的强度计算与稳定计算、受压构件的强度与稳定计算等。

（2）注重构造规定。构造规定是长期科学实验和工程经验的总结，要充分重视对构造知识的学习，不要死记硬背构造规定的具体条文，应注意弄懂其中的道理。

（3）理论联系实际。本课程的实践性较强，许多内容与我国现行的钢结构设计标准和工程实践联系密切。学习时应重视实践，通过作业、现场教学、课程实训、顶岗实习等实践教学环节，进一步熟悉和运用规范，逐步培养学生综合分析问题和解决问题的能力。

项目一　基　础　知　识

学　习　指　南

工作任务

（1）正确选择钢材。

（2）进行钢材的疲劳计算。

知识目标

（1）了解钢材的破坏种类。

（2）掌握钢材的主要工作性能。

（3）熟悉钢材疲劳破坏的相关概念。

（4）理解影响钢材力学性能的主要因素。

（5）掌握钢材的种类与规格。

（6）掌握选择钢材应考虑的主要因素。

（7）理解钢结构极限状态设计法和容许应力计算法。

技能目标

（1）能正确选择钢材。

（2）能进行钢材的疲劳计算。

任务一　钢 材 的 材 料

钢材的种类很多，其性能、用途和价格各不相同，适用于钢结构的建筑钢材只是其中的一小部分。钢结构常常需要在各种不同的环境和条件下承受各种荷载作用，所以用于钢结构的钢材应具有较高的强度，较好的塑性、韧性以及耐疲劳性能，同时也应具有良好的加工性能，包括冷、热加工和焊接性能。此外，根据结构所处的特殊工作环境，有时还要求钢材具有良好的低温、高温及耐腐蚀性能，以保证结构的安全可靠和经济适用。

根据上述要求，我国《钢结构设计标准》（GB 50017—2017）推荐使用的钢材，有碳素结构钢中的 Q235 钢以及低合金高强度结构钢中的 Q345、Q390、Q420、Q460 钢和Q345GJ 钢。

一、建筑钢材的两种破坏形式

钢材的强度断裂破坏可分为塑性破坏和脆性破坏两种形式。钢结构所用的材料虽然有较高的塑性和韧性，一般为塑性破坏，但在一些不利的工作条件下，仍有发生脆性破坏的可能性。

（1）塑性破坏。钢材在常温和静力荷载作用下，当其应力超过屈服点 f_y 即有明显的塑性变形产生。当应力超过钢材的抗拉强度 f_u 后，构件将在很大的变形情况下断裂，这种破坏称为塑性破坏。塑性破坏前，结构有明显的塑性变形，且变形持续的时间长，有明显的破坏预兆，使人们易于发现结构处于危险状态并有机会采取补救措施，一般不会引起严重后果。因此钢结构极少发生塑性破坏。另外，塑性变形后结构出现内力重分布，使结构中原先受力不均匀的部分应力趋于均匀，因而提高了结构的承载能力。

（2）脆性破坏。当钢材承受动力荷载（包括冲击荷载和振动荷载）或处于复杂应力、低温等情况时，常会发生低应力脆性破坏。这种脆性断裂的应力常低于钢材的屈服点 f_y，破坏前变形甚微，没有明显塑性变形，同时裂缝开展速度极快，可达 1800m/s。实践证明，脆性破坏发生突然，且破坏前没有明显的预兆，无法及时察觉和采取补救措施，而且个别构件的断裂常引起整个结构塌毁，后果严重，损失较大。应充分认识到钢材脆性破坏的严重后果，在设计、施工和使用钢结构时，采取一切合理措施，尽可能避免脆性破坏的发生。

二、钢材的主要工作性能

（一）钢材单向拉伸试验表现的机械性能

钢材的机械性能也称力学性能，主要通过试验获得。钢材的主要强度指标和塑性指标，是在常温、静载下对钢材标准试件进行单向拉伸试验测定的。通过试验，可得到建筑钢材的三个重要机械性能指标：屈服强度 f_y、抗拉强度 f_u 和伸长率 δ。

屈服强度 f_y 和抗拉强度 f_u 是钢材的强度指标，其值越大钢材的承载力越高。

伸长率 δ 是衡量钢材塑性的主要指标，它等于试件拉断后原标距间的长度伸长值与原标距长度的百分比。伸长率 δ 越大表明钢材的塑性越好。钢材的塑性是指钢材在外力作用下产生较大塑性变形后尚不致破坏的能力。良好的塑性有助于缓和钢构件的局部应力集中，避免钢结构在使用中发生突然的脆性破坏。

虽然钢材在应力达到极限抗拉强度 f_u 时才发生断裂，但是钢结构在设计时以钢材的屈服强度 f_y 作为静力强度的承载极限。即取钢材的标准强度 $f_k = f_y$。选择屈服强度 f_y 作为建筑钢材承载力极限的依据是：

（1）钢材屈服后，塑性变形很大，塑性变形过大会使结构失去正常使用功能而达到正常使用极限状态，无法利用强化阶段。

（2）钢材屈服后塑性变形很大，险情极易被察觉，可以及时采用适当补救措施，以免突然发生破坏。

（3）抗拉强度和屈服强度的比值较大（Q235钢：$f_u/f_y \approx 1.6 \sim 1.7$），成为结构极大的后备强度。

碳素结构钢和低合金钢有明显的屈服点。而热处理钢材有较好的塑性性质，但没有明显的屈服点。对于没有明显屈服阶段的钢材，以试件卸载后塑性应变为 0.2% 时所对应的应力作为屈服强度，称为名义屈服强度，也用 f_y 表示。

钢材在一次压缩或剪切时表现出来的应力与应变关系变化规律基本上与拉伸试验相似，只是剪切时的屈服点及抗剪强度均较受拉时低；剪变模量 G 也低于弹性模量 E。

（二）冷弯性能

钢材的冷弯性能是判别钢材塑性变形能力及冶金质量的综合指标，冷弯性能由冷弯试验来检验。以试件冷弯角度 α 表面不出现裂纹或分层为合格。冷弯试验不但能直接检验钢材冷加工弯曲时产生塑性变形的能力，而且还能暴露出钢材内部的冶金缺陷，如硫、磷偏析及非金属夹杂等情况。重要的结构中需要有良好的冷加工性能时，应有冷弯试验合格保证。

（三）冲击韧性

冲击韧性是钢材的一种动力性能，是钢材抵抗冲击荷载的能力，它可用钢材在塑性变形及断裂过程中吸收能量的能力来衡量。钢材的冲击韧性用冲击试验测定，钢材的冲击韧性值用 A_{kv} 表示（单位为 J），其值为冲断试件所需的功。冲击韧性值越大，表明材料的韧性越好，抵抗脆性破坏的能力越强。

由于低温对钢材的脆性破坏有显著影响，当温度低于某值时，冲击韧性将急剧降低。对于低温下工作的重要构件，尤其是受动力荷载作用的结构，不但要保证常温（20℃）冲击韧性指标，还要保证负温（0℃、−20℃或−40℃）冲击韧性指标，以保证结构具有足够的抗脆性破坏能力。

三、钢材的疲劳

（一）疲劳破坏的特征

建筑结构中的有些构件，如吊车梁和支承振动设备的平台梁等，所受的不是静力荷载，而是大小和方向随时间变化的荷载，称为循环荷载（亦称重复荷载）。

图 1−1 为几种连续循环荷载在钢材内引起的应力随时间变化的曲线。图中从最大应力到最小应力重复一周为一次应力循环。应力循环特性常用应力比值 $\rho = \sigma_{min}/\sigma_{max}$ 表示（拉

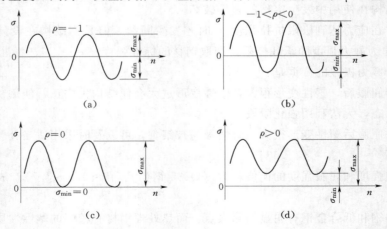

图 1−1 循环荷载的应力循环形式

应力取正值，压应力取负值）。应力变化的幅度称为应力幅 $\Delta\sigma=\sigma_{max}-\sigma_{min}$，即应力循环中的最大应力 σ_{max} 和最小应力 σ_{min} 之差。应力幅总是正值。

当所有应力循环中的应力幅保持常量时称为常幅应力循环，如应力幅值不是常量而是随机变量，则称为变幅应力循环。前者比后者容易发生疲劳破坏。

钢材在连续循环荷载作用下，当应力低于抗拉强度，甚至低于屈服强度，同时循环次数达到某数值时，钢材会发生突然断裂破坏，这种现象称为钢材的疲劳或疲劳破坏。疲劳破坏属于脆性破坏，破坏时塑性变形极小，破坏突然发生，危险性较大，往往导致整个结构的毁灭性破坏。

从宏观表面上看，疲劳断裂是突然发生的，但实际上是在钢材内部经历长期的发展过程才出现的，疲劳破坏是钢材内部的微观裂纹在连续重复荷载作用下不断扩展直至断裂的过程。

在钢材中不可避免地存在一些局部缺陷，如非金属夹杂、化学成分偏析、轧制时形成的微裂纹，或加工制造形成的刻槽、孔洞和裂纹等。当循环荷载作用时，在这些缺陷处截面上应力分布不均匀，产生应力集中，且应力集中处的高峰应力往往形成双向或三向同号应力场。在反复应力作用下，首先在应力高峰处出现微观裂缝，然后逐渐开展形成宏观裂缝。在反复荷载的持续作用下，裂缝不断开展，有效截面不断减小，应力集中现象越来越严重，更促使裂缝的继续开展，形成恶性循环。因此，当反复循环荷载作用达到一定的循环次数时，裂缝的发展使不断削弱的截面难以承受外力作用，危险截面突然断裂，出现钢材的疲劳破坏。如果钢材中存在残余应力，在循环荷载作用下将加剧疲劳破坏的倾向。构件截面几何形状的突然改变也会引起应力集中，对疲劳工作不利。

钢材在连续循环荷载作用下，经过许多次循环后出现疲劳破坏，相应的最大应力 σ_{max} 称为疲劳强度。试验证明，循环荷载的作用次数越多，疲劳强度越低。国际标准化组织建议取循环次数 $n=5\times10^6$ 次时对应的 σ_{max} 称为极限疲劳强度。研究表明，结构非焊接部位的疲劳强度与应力幅、应力比值有关；结构焊接部位的疲劳强度主要与应力幅有关。钢材的疲劳强度还与应力集中程度和应力循环次数有关，应力集中越严重，荷载循环次数越多，钢材越容易发生疲劳破坏。钢材的疲劳强度和钢材的静力强度无明显关系，即采用高强度钢材增加构件的疲劳强度是不经济的。

不同类型构件和连接的疲劳强度各不相同，规范将不同类型构件和连接形式按应力集中的影响程度由低到高分为 14 类（表 1-1），分别规定了它们的容许应力幅 $[\Delta\sigma]$ 作为疲劳强度验算的标准。其中第 1 类为无应力集中影响的主体金属，第 14 类则为应力集中最严重的角焊缝，第 2~13 类则是有不同程度应力集中的主体金属。

直接承受动力荷载重复作用的钢结构构件及其连接，当应力变化的循环次数 $n\geqslant5\times10^4$ 时，应进行疲劳计算。在应力循环中不出现拉应力的部位不必进行疲劳计算。疲劳计算采用容许应力幅法，采用荷载标准值进行计算，应力按弹性状态计算（即按工程力学方法计算）。

（二）常幅疲劳计算

对不同的构件和连接用不同的应力幅在疲劳试验机上进行常幅循环应力试验可得常幅疲劳破坏时的应力幅与循环次数的关系式（1-1）：

$$[\Delta\sigma] = \left(\frac{C_z}{n}\right)^{\frac{1}{\beta_z}} \tag{1-1}$$

式中　　$[\Delta\sigma]$——常幅疲劳的容许应力幅；

　　　　C_z、β_z——计算系数，按构件和连接类别查表 1-1；

　　　　n——使用期间预期应力循环次数。

表 1-1　　　　　　　　　　　正应力幅的疲劳计算参数

构件与连接类别	构件与连接相关系数		循环次数 n 为 2×10^6 次的容许正应力幅 $[\Delta\sigma]_{2\times10^6}$/(N/mm²)	循环次数 n 为 5×10^6 次的容许正应力幅 $[\Delta\sigma]_{5\times10^6}$/(N/mm²)	疲劳截止限 $[\Delta\sigma_L]_{1\times10^8}$/(N/mm²)
	C_z	β_z			
Z1	1920×10^{12}	4	176	140	85
Z2	861×10^{12}	4	144	115	70
Z3	3.91×10^{12}	3	125	92	51
Z4	2.81×10^{12}	3	112	83	46
Z5	2.00×10^{12}	3	100	74	41
Z6	1.46×10^{12}	3	90	66	36
Z7	1.02×10^{12}	3	80	59	32
Z8	0.72×10^{12}	3	71	52	29
Z9	0.50×10^{12}	3	63	46	25
Z10	0.35×10^{12}	3	56	41	23
Z11	0.25×10^{12}	3	50	37	20
Z12	0.18×10^{12}	3	45	33	18
Z13	0.13×10^{12}	3	40	29	16
Z14	0.09×10^{12}	3	36	26	14

为保证构件和连接不发生疲劳破坏，对于直接承受动力荷载重复作用的钢结构构件及其连接，当应力的循环次数 $n\geqslant5\times10^4$ 次时，对常幅疲劳（应力循环内的所有应力幅保持常量）或变幅疲劳的最大应力幅应按式（1-2）进行疲劳计算：

$$\Delta\sigma \leqslant \gamma_t[\Delta\sigma_L]_{1\times10^8} \tag{1-2}$$

式中　　$\Delta\sigma$——计算部位的设计应力幅，对焊接部位，$\Delta\sigma = \sigma_{max} - \sigma_{min}$，对非焊接部位，因无残余应力，试验证明取折算应力幅 $\Delta\sigma = \sigma_{max} - 0.7\sigma_{min}$；

$[\Delta\sigma_L]_{1\times10^8}$——正应力幅的疲劳截止限，N/mm²，根据构件和连接类别按表 1-1 采用；

　　　　γ_t——板厚或直径修正系数，对于横向角焊缝连接和对接焊缝连接，当连接板厚超过 25mm 时，按式 $\gamma_t = (25/t)^{0.25}$ 进行修正，t 为连接板厚（mm）；对于螺栓轴向受拉连接，当螺栓的公称直径 d（mm）大于 30mm 时，按式 $\gamma_t = (30/d)^{0.25}$；其余情况取 1.0。

（三）变幅疲劳计算

实际工程结构中，很多构件承受的是变幅循环应力的作用，如吊车梁、吊车桁架等。由于吊车并非每次都满载运行，吊车、小车也不是都在极限位置，而且吊车运行速度在不断变化，所以每次循环应力幅不是都达到最大值，若仍按常幅疲劳计算显然比较保守。规范采用的验算方法，对变幅疲劳，若能预测结构在使用寿命期间各种荷载的频率分布、应力幅水平以及频次分布总和所构成的设计应力谱，则可将其折算为等效常幅疲劳，当变幅疲劳计算不满足式（1-2）要求时，可按式（1-3）规定计算：

$$\Delta\sigma_e \leqslant \gamma_t [\Delta\sigma]_{2 \times 10^6} \tag{1-3}$$

式中　$\Delta\sigma_e$——变幅疲劳的等效正应力幅，按标准规定计算公式计算；

　　$[\Delta\sigma]_{2\times10^6}$——循环次数 n 为 2×10^6 次的容许正应力幅（N/mm²），按表 1-1 采用。

工业建筑中的重级工作制吊车梁和中级工作制吊车桁架的变幅疲劳可取应力循环中最大的应力幅按式（1-4）计算：

$$\alpha_f \Delta\sigma \leqslant \gamma_t [\Delta\sigma]_{2 \times 10^6} \tag{1-4}$$

式中　α_f——欠载效应的等效系数，对 A6、A7、A8 工作级别（重级）的硬钩吊车（如工厂车间的夹钳吊车），$\alpha_f=1.0$，对 A6、A7 工作级别（重级）的软钩吊车，$\alpha_f=0.8$，对 A4、A5 工作级别（中级）的吊车，$\alpha_f=0.5$。

四、影响钢材力学性能的主要因素

（一）化学成分

钢的基本元素是铁（Fe）。普通碳素结构钢中含铁约 99%。其他元素有碳（C）、硅（Si）、锰（Mn）、硫（S）、磷（P）、氧（O）、氮（N）等，它们的总和占 1% 左右。在低合金钢中，除上述元素外，还有少量合金元素，如铜（Cu）、钒（V）、钛（Ti）、铌（Nb）、铬（Cr）等，总含量低于 5%。尽管钢材中除铁以外的其他元素含量不高，但对钢材的力学性能却影响极大。

碳（C）是形成钢材强度的主要成分。含碳量高，则钢材强度高，同时钢材的塑性、冲击韧性、冷弯性能、疲劳强度、可焊性及抗锈蚀能力都显著下降。故结构用钢的含碳量一般不应超过 0.22%，焊接结构中则应限制在 0.2% 以下。

硅（Si）是强脱氧剂，是制作镇静钢的必要元素。硅适量时可提高钢材的强度而不显著影响其塑性、韧性、冷弯性能及可焊性。过量时会恶化钢材的塑性、冲击韧性、可焊性及抗锈蚀性。硅的含量在碳素结构钢中一般不应大于 0.30%，低合金钢中不应大于 0.55%。

锰（Mn）是有益元素，它能显著提高钢材的强度而不过多降低塑性和冲击韧性。过量时会使钢材变脆，并降低钢材的可焊性和抗锈蚀性。锰的含量在碳素结构钢中一般为 0.30%~0.80%，在低合金高强度结构钢中为 1.00%~1.70%。

硫（S）是有害元素。硫在钢材温度达到 800~1000℃ 时生成硫化铁而熔化，使钢材变脆，易出现裂缝，称为热脆。硫还会降低钢材的冲击韧性、可焊性、疲劳强度及抗蚀能力。因此，对硫的含量必须严加控制，一般不应超过 0.035%~0.045%。

磷（P）可以提高钢材的强度和抗锈蚀能力，但却严重降低钢材的塑性、韧性和可焊性，特别是在温度较低时使钢材变脆（冷脆），因而应严格控制其含量。一般不应超过 0.045%。

氧（O）和氮（N）也是有害元素，氧能使钢材热脆，其作用比硫剧烈；氮能使钢材冷脆，与磷类似，故其含量应严格控制。一般氧的含量应低于 0.05%，氮的含量应低于 0.008%。

钒（V）和钛（Ti）是钢中的合金元素，能提高钢材的强度和抗锈蚀性，又不显著降低塑性。

铜（Cu）在碳素钢中属杂质成分，它可以提高钢材的强度和抗锈蚀性能，但对可焊性不利。

（二）冶金缺陷

常见的冶金缺陷有偏析（钢材中化学成分分布不均匀）、非金属夹杂（钢中含有硫化物和氧化物等杂质）、气孔、裂纹及分层（钢材在厚度方向不密合，分成多层）等。这些缺陷会降低钢材的力学性能。选用钢材时，应充分重视冶金缺陷的影响。

（三）构造缺陷

钢材的主要机械性能指标是以标准试件受均匀拉力试验为基础的。实际上在钢结构的构件中总是存在着刻槽、孔洞、凹角、截面突变等构造缺陷。此时，构件中的应力分布将不再保持均匀，而是在某些区域产生局部高峰应力，在另外一些区域内则应力降低，形成应力集中现象，在负温下或受动力荷载作用的结构中，应力集中的不利影响将十分突出，往往是引起脆性破坏的根源，故在设计中应采取措施避免或减小应力集中，并选用质量优良的钢材。

（四）加载速度

钢材的主要力学性能指标是标准试件在静荷载作用下测得的，如果加载速度提高，钢材的应力与应变关系将发生变化。随着加载速度的提高，钢材的屈服点也提高，呈脆性。因此，试验时必须按规定的加载速度进行。

（五）钢材的硬化

钢材的硬化是指钢材强度提高的同时，塑性性能降低。钢材的硬化包括应变硬化（冷作硬化）、时效硬化和应变时效硬化。

钢材在冷拉、冷拔、冷弯、冲孔和机械剪切等冷加工过程中，钢材产生很大的塑性变形，可提高钢材的屈服强度和抗拉强度，但降低了钢材的塑性和冲击韧性，增加了脆性破坏的危险，这种现象称为应变（冷作）硬化。

钢材随着时间的增长使钢材的强度提高，塑性和韧性下降。这种现象称为时效硬化，俗称老化。发生时效的过程一般很长，从几天到几十年。

钢材经冷加工产生一定的塑性变形后，会加速时效硬化的过程，称为应变时效硬化。所以应变时效硬化是应变硬化和时效硬化的复合作用。若将钢材冷加工后再加热，则时效过程会更加迅速，仅需数小时便可完成。在实际应用中，一般是使钢材产生 10% 左右的塑性变形，再加热至 250℃ 并保温 1h，然后在空气中冷却，这种方法称为人工时效。对重要的结构要求对钢材进行人工时效后测定其冲击韧性，以保证结构具有长期的抗脆性破坏能力。

无论哪一种硬化，都会降低钢材的塑性和韧性，对钢材不利。在一般钢结构中并不利用硬化提高强度。对特殊和重要的结构，要求对钢材进行应变时效后检验其塑性和冲击韧性，有时还要采取措施，消除或减轻硬化的不利影响，保证结构具有足够的抗脆性破坏能力。对局部硬化部分可用刨边或钻孔予以消除。

（六）温度的影响

钢材的机械性能（力学性能）随温度变动而有所变化（图1-2）。随着温度的升高，总的趋势是钢材的抗拉强度、屈服强度及弹性模量降低，伸长率增大。因此，钢结构表面所受辐射温度应不超过200℃。设计时规定150℃以内为适宜，超过之后结构表面即需加设隔热保护层。

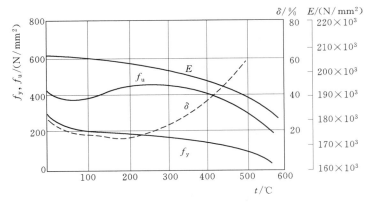

图1-2　温度对钢材机械性能的影响

当温度从常温开始下降，特别是在负温度范围内，钢材的强度虽略有提高，但其塑性和韧性降低（图1-3），当温度降至某一数值时，钢材的冲击韧性突然下降，材料将由塑性破坏转为脆性破坏，这种现象称为低温冷脆。钢结构在整个使用过程中可能出现的最低温度，应高于钢材的冷脆转变温度。

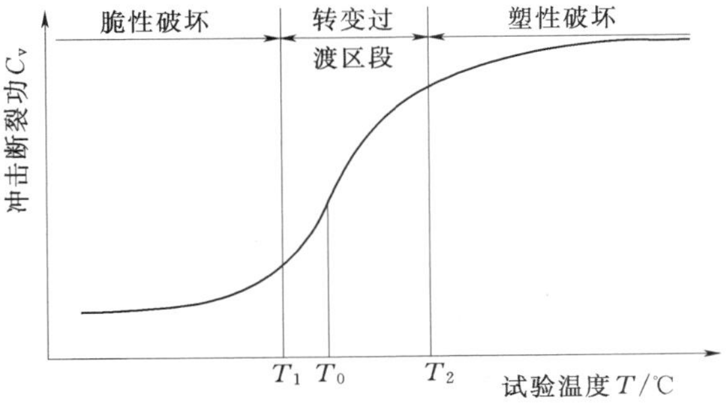

图1-3　冲击韧性与温度的关系曲线

五、钢材的种类、规格与选择

（一）钢材的种类

钢材按照不同的分类方法有不同的种类。

（1）按用途分。钢材按用途可分为结构钢、工具钢、特殊钢（如不锈钢等）。结构钢又分建筑用钢和机械用钢。

（2）按冶炼方法分。按冶炼方法分为转炉钢、平炉钢和电炉钢（特种合金钢，不用于建筑）。

（3）按浇注前脱氧程度分。按浇注前脱氧程度，钢材又分为沸腾钢（代号为F）、镇静钢（代号为Z）、半镇静钢（代号为b）和特殊镇静钢（代号为TZ）。

（4）按成型方法分。按成型方法，钢材又分为轧制钢、铸钢、锻钢。

（5）按化学成分分。按化学成分，钢材又分为碳素结构钢和低合金高强度结构钢。

（二）钢材的规格

钢结构所用的钢材主要为热轧成型的钢板、型钢和薄壁型钢。

钢结构构件设计在很多情况下可直接选用型钢，这样可以极大地减少制造加工和焊接工作量，加快工程进度，降低工程造价。当型钢尺寸不合适或构件截面尺寸很大时，可用钢板焊接组成所需截面形状和尺寸，也可以选用型钢辅以钢板焊接组成所需截面。所以，钢结构中的基本元件是型钢及钢板。

（1）热轧钢板。钢板有薄板、厚板、特厚板、扁钢、花纹钢板等。

（2）热轧型钢（图1-4）。常用的热轧型钢有角钢、工字钢、槽钢、H型钢、T型钢、钢管等。

(a)　　　　(b)　　　　(c)　　　　(d)　　　　(e)　　　　(f)　　　　(g)

图1-4　热轧型钢截面

（3）薄壁型钢（图1-5）。薄壁型钢是用薄钢板（一般采用Q235或Q345钢）经模压或弯曲成型，通常用于轻型钢结构。

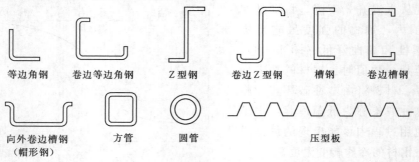

等边角钢　　卷边等边角钢　　Z型钢　　卷边Z型钢　　槽钢　　卷边槽钢

向外卷边槽钢　　方管　　圆管　　　　　压型板
（帽形钢）

图1-5　薄壁型钢截面

（三）钢材的选择

选择钢材的目的是保证安全可靠和做到经济合理。钢材的选用应考虑的主要因素如下：

（1）结构的重要性。结构的重要性不同，安全等级（分为三级）也不同，要求的钢材质量也不同。

（2）荷载情况。荷载可分为静力荷载和动力荷载两种。对直接承受动力荷载或需验算疲劳的构件，所用钢材应具有冲击韧性的合格保证，如Q345C或Q345D；对承受静力荷载或间接动力荷载的结构则可选择价格较低的Q235钢。

（3）连接方法。钢结构的连接方法分焊接连接和非焊接连接两种。焊接时的高温和不均匀冷却会在构件中产生较大的残余应力和残余变形，易使结构发生脆性破坏。因此，焊接结构所用的钢材必须严格控制碳、硫、磷的极限含量，塑性和韧性指标要高，可焊性要好。而非焊接结构对这些要求则可适当降低。

（4）结构所处的温度和环境。钢材的塑性和韧性在低温时将严重降低。因而在低温条件下工作的结构，尤其是焊接结构，应选用具有良好抗低温脆断性能的镇静钢，根据具体情况提出适当的负温冲击韧性要求。此外，露天的钢结构容易产生时效，受有害介质作用的钢材容易腐蚀、疲劳和断裂，也应加以区别地选择不同材质（采用耐候钢）。

（5）钢材的厚度。厚度大的钢材不但强度较低，而且塑性、韧性和可焊性也较差。因此，厚钢板结构对材质的要求高于薄钢板结构。

（6）连接所用钢材，如焊条、自动或半自动焊的焊丝及螺栓的钢材应与主体金属的强度相适应。

（7）水工钢闸门支承结构（包括主轨）的铸钢件可采用 ZG230－450、ZG270－500、ZG310－570、ZG340－640 铸钢或 ZG50Mn2、ZG35Cr1Mo、ZG34Cr2Ni2Mo 合金铸钢。闸门的吊杆轴、连接轴、主轮轴、支铰轴和其他轴，可采用 35 号钢、45 号钢或 40Cr、42CrMo 合金结构钢。

任务二　钢结构的设计方法

结构计算的目的是保证结构的构件及其连接在使用荷载作用下安全可靠地工作，恰当处理结构的可靠性（安全、适用和耐久）和经济性两方面的要求。结构计算的方法有传统的容许应力法和以概率理论为基础的极限状态法。

水工钢结构一直用容许应力的设计方法。其优点是计算简便，可满足正常的使用要求。此法的缺点是所给定的容许应力不能保证各种结构具有比较一致的可靠度。对于闸、坝、码头和采油平台等水工结构和桥梁结构，由于所受荷载涉及水文、泥沙、波浪等自然条件比较复杂，经常处于水位变动或盐雾潮湿等容易腐蚀的环境，统计资料不足，条件尚不成熟，对于水工建筑物水下部分的钢结构设计仍采用容许应力法。

近年来，由于结构可靠度理论在国内外得到迅速发展，结构设计正在逐步推广以概率为基础的极限状态设计方法来取代传统的定值设计方法。《钢结构设计标准》（GB 50017—2017）采用的就是此方法，适用于工业与民用建筑钢结构设计。现阶段水工建筑物水上部分的钢结构设计采用《钢结构设计标准》（GB 50017—2017）。

一、极限状态计算方法

《钢结构设计标准》（GB 50017—2017）规定，钢结构的计算（除疲劳计算外），采用以概率理论为基础的极限状态设计方法，用分项系数的应力表达式进行计算。各种承重结构均应按承载能力极限状态和正常使用极限状态设计。

按承载能力极限状态设计钢结构时，应考虑荷载效应的基本组合，必要时尚应考虑荷载效应的偶然组合。对基本组合应按下列设计表达式中的最不利值确定。

由可变荷载效应控制的组合：

$$\gamma_0 \left(\sum_{j=1}^{m} \gamma_{Gj} S_{Gjk} + \gamma_{Q1} \gamma_{L1} S_{Q1k} + \sum_{i=2}^{n} \gamma_{Qi} \gamma_{Li} \psi_{ci} S_{Qik} \right) \leqslant f \tag{1-5}$$

由永久荷载效应控制的组合：

$$\gamma_0 \left(\sum_{j=1}^{m} \gamma_{Gj} S_{Gjk} + \sum_{i=1}^{n} \gamma_{Qi} \gamma_{Li} \psi_{ci} S_{Qik} \right) \leqslant f \tag{1-6}$$

式中　γ_0——结构重要性系数，对安全等级为一级的结构构件不应小于 1.1，对安全等级为二级的结构构件不应小于 1.0，对安全等级为三级的结构构件不应小于 0.9；

γ_{Gj}——第 j 个永久荷载的分项系数，一般情况下对式（1-5）取 1.2，对式（1-6）取 1.35，当永久荷载对结构的承载能力有利时宜采用 1.0；

γ_{Q1}、γ_{Qi}——主导可变荷载 Q_1 的分项系数和第 i 个可变荷载的分项系数，一般取 1.4，对标准值大于 4kN/m^2 的工业房屋楼面结构的活荷载，应取 1.3，但是当可变荷载效应对承载力有利时，应取为 0；

γ_{Li}——第 i 个可变荷载设计使用年限的调整系数，其中 γ_{L1} 为主导可变荷载 Q_1 考虑设计使用年限的调整系数，楼面和屋面活荷载对结构设计使用年限为 5 年、50 年、100 年分别取 0.9、1.0、1.1，当设计使用年限不为上述数值时，可按线性内插确定；对雪荷载和风荷载，应取重现期为设计使用年限，按《建筑结构荷载规范》（GB 50009—2012）规定确定基本雪压和基本风压，或按有关规范的规定采用；

S_{Gjk}——按第 j 个永久荷载标准值 G_{jk} 计算的荷载效应值；

S_{Qik}——按第 i 个可变荷载标准值 Q_{ik} 计算的荷载效应值，其中 S_{Q1k} 为诸可变荷载效应中起控制作用者；

ψ_{ci}——第 i 个可变荷载 Q_i 的组合值系数，一般取 0.7，具体按《建筑结构荷载规范》（GB 50009—2012）的 5.1.1 条规定取用；

f——结构构件或连接的强度设计值，见附录一；

m——参与组合的永久荷载数；

n——参与组合的可变荷载数。

对于正常使用极限状态，钢结构设计主要是控制变形，如梁的挠度等。对钢结构，应考虑荷载效应的标准组合用式（1-7）进行计算：

$$\sum_{j=1}^{m} S_{Gjk} + S_{Q1k} + \sum_{i=2}^{n} \psi_{ci} S_{Qik} \leqslant C \tag{1-7}$$

式中　C——结构或结构构件达到正常使用要求的规定限值，例如挠度限值等。

计算结构或构件的强度、稳定性以及连接的强度时，采用荷载设计值（荷载标准值乘以荷载分项系数）；计算疲劳和变形时，采用荷载标准值。对直接承受动力荷载的结构，在计算强度和稳定性时，动力荷载设计值应乘以动力系数；在计算疲劳和变形时，动力荷载标准值不乘以动力系数。

《钢结构设计标准》（GB 50017—2017）不仅适用于工业与民用建筑钢结构的设计，而且适用于水工建筑物水上部分的钢结构。

二、容许应力计算方法

水工钢结构根据其不同的用途，设计时必须遵守各类专门的规范。《水利水电工程钢闸门设计规范》（SL 74—2019）适用于水利水电工程钢闸门。下面着重介绍《水利水电工程钢闸门设计规范》（SL 74—2019）的计算方法。

《水利水电工程钢闸门设计规范》（SL 74—2019）所采用的容许应力计算法是以结构的极限状态（强度、稳定、变形等）为依据，对影响结构可靠度的某种因素以数理统计的方法，结合我国工程实践，进行多系数分析，求出单一的设计安全系数，以简单的容许应力的形式表达，实质上属于半概率、半经验的极限状态计算法。其强度计算的一般表达式为：

$$\sum N_i \leqslant \frac{f_y S}{K_1 K_2 K_3} = \frac{f_y S}{K} \tag{1-8}$$

即

$$\sigma = \frac{\sum N_i}{S} \leqslant \frac{f_y}{K} = [\sigma] \tag{1-9}$$

式中　　N_i——根据标准荷载求得的内力；

　　　　f_y——钢材的屈服强度；

　　　　K_1——荷载安全系数；

　　　　K_2——钢材强度安全系数；

　　　　K_3——调整系数，用以考虑结构的重要性、荷载的特殊变异和受力复杂等因素；

　　　　S——构件的几何特性；

　　　　$[\sigma]$——钢材的容许应力。

式（1-9）对荷载、钢材强度及其相应的安全系数均取为定值，而没有考虑荷载和材料性能的随机变异性，这也是容许应力法与概率极限状态法的主要区别。

《水利水电工程钢闸门设计规范》（SL 74—2019）规定的钢材容许应力见附表1-8，机械零件的容许应力见附表1-9。

三、钢结构设计要求

钢结构设计要贯彻技术先进、经济合理、安全适用、确保质量的基本原则，具体应满足下列几项基本要求：

（1）结构必须安全可靠，保证结构在运输、安装和使用过程中，具有足够的强度、刚度、整体稳定和局部稳定。

（2）应合理选用钢材，精心设计，保证结构有良好的耐久性。

（3）尽可能地采用先进的设计理论，新型的结构形式和连接方式，优先选用高强度低合金钢等优质钢材，减轻结构自重和节省钢材。

（4）尽量做到结构形式简单和材料集中使用，减少构件的数量，制造、运输、安装方便，缩短周期，降低造价。

（5）采取有效措施，提高钢结构的防锈蚀能力。

◇·◆·○·◆·○·◆·◇·◆·○·◆·○·◆·◇·◆·○·◆·◇
学 生 工 作 任 务
◇·◆·○·◆·○·◆·◇·◆·○·◆·○·◆·◇·◆·○·◆·◇

一、简答题

1. 钢材的塑性破坏和脆性破坏各有何特点？

2. 建筑钢材的主要机械性能指标有哪些？各反映材料有什么性质？

3. 应力场对钢材的破坏形式有何影响？为什么？

4. 什么叫钢材的疲劳？它属于什么性质的破坏？其主要影响因素和防止措施有哪些？

5. 影响钢材性能的因素有哪些？各有何影响？

6. 简述钢材牌号的表示方法。

7. 选择建筑钢材时主要应考虑哪些因素的影响？

8. 钢结构按概率极限状态设计法与容许应力设计法有何不同？

9. 分项系数 γ_G、γ_Q 分别代表什么？应如何取值？

二、选择题

1. 钢材的力学性能随温度而变化，在负温范围内钢材的塑性和韧性（　　）。

A. 不变
B. 降低
C. 升高
D. 稍有提高，但变化不大

2. 体现钢材塑性性能的指标是（　　）。

A. 屈服点
B. 屈强比
C. 伸长率
D. 抗拉强度

3. 在构件发生断裂破坏前，有明显破坏预兆的是（　　）的典型特征。

A. 脆性破坏
B. 塑性破坏
C. 失稳破坏
D. 强度破坏

4. 钢材中的磷含量超过限制时，钢材可能会出现（　　）。

A. 徐变
B. 冷脆
C. 热脆
D. 蓝脆

5. 在钢结构设计中，认为钢材屈服点是构件可以达到的（　　）。

A. 设计应力
B. 最大应力
C. 疲劳应力
D. 临界应力

6. 钢结构用钢的含碳量一般不大于（　　）。

A. 0.2%
B. 0.22%
C. 0.25%
D. 0.6%

7. 钢结构的设计强度是根据（　　）确定的。

A. 弹性极限
B. 比例极限
C. 屈服强度
D. 极限强度

8. 反映钢材最大抗拉能力的是（　　）。

A. 弹性极限
B. 比例极限
C. 屈服强度
D. 极限强度

9. 钢材的冷弯试验是判定钢材的 （　　　）。

A. 强度

B. 塑性

C. 韧性及可焊性

D. 塑性及冶金质量

10. 钢材硬化后会出现 （　　　）。

A. 塑性提高

B. 强度提高

C. 韧性提高

D. 可焊性提高

11. 结构工程中使用钢材的塑性指标最主要用 （　　　）表示。

A. 冲击韧性

B. 可焊性

C. 冷弯性能

D. 伸长率

12. （　　　）属于正常使用极限状态验算。

A. 梁的挠度验算

B. 受压构件的稳定计算

C. 受弯构件的弯曲强度计算

D. 螺栓连接的强度计算

13. 对直接承受动力荷载的钢结构应选用 （　　　）钢材。

A. Q235A

B. Q235B

C. Q235C

D. Q345D

14. 钢材的冲击韧性值越大，表示钢材抵抗脆性破坏的能力 （　　　）。

A. 越大

B. 越小

C. 不变

D. 不一定

15. 钢材中氧的含量过多，钢材可能会出现 （　　　）。

A. 徐变

B. 冷脆

C. 热脆

D. 蓝脆

16. （　　　）属于冶金缺陷。

A. 刻槽

B. 孔洞

C. 偏析

D. 凹角

17. （　　　）属于构造缺陷。

A. 偏析

B. 孔洞

C. 气孔

D. 非金属夹杂

18. 随着加载速度的提高，钢材的屈服点将 （　　　）。

A. 提高

B. 不变

C. 降低

D. 不一定

19. 对安全等级为一级的结构构件，结构重要性系数 γ_0 不应小于 （　　　）。

A. 0.9

B. 1.0

C. 1.1

D. 1.2

20. 容许应力法与极限状态法的主要区别是 （　　　）。

A. 对荷载、钢材强度及其相应的安全系数均取为定值，没有考虑荷载和材料性能的随机变异性

B. 对荷载、钢材强度及其相应的安全系数均取为定值，考虑荷载和材料性能的随机变异性

C. 对荷载、钢材强度及其相应的安全系数均取为变值，考虑荷载和材料性能的随机变异性

D. 对荷载、钢材强度及其相应的安全系数均取为变值，没有考虑荷载和材料性能的随机变异性

项目二　钢结构的连接

学习指南

工作任务

（1）对接焊缝的连接计算。

（2）角焊缝的连接计算。

（3）普通螺栓的连接计算。

（4）高强螺栓的连接计算。

知识目标

（1）掌握焊接方法、焊接连接形式、焊缝类型、焊缝强度等。

（2）掌握对接焊缝和角焊缝的连接构造知识。

（3）了解焊接应力和焊接变形。

（4）了解螺栓的种类和特性等。

（5）掌握螺栓连接的构造知识。

技能目标

（1）掌握对接焊缝和角焊缝的设计计算。

（2）掌握普通螺栓连接、摩擦型高强螺栓连接的设计计算。

任务一　连接方法及特点

钢结构是由各种型钢和钢板等连接成的基本构件，如梁、柱和桁架等，再通过安装连接成空间整体，如厂房、桥梁等。连接是传力的关键部位，连接的构造和计算是钢结构设计的重要组成部分。

钢结构采用的连接方法有焊接连接、螺栓连接和铆钉连接三种（图 2-1）。

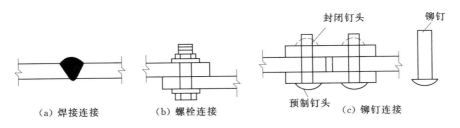

　（a）焊接连接　　　　（b）螺栓连接　　　　　　　（c）铆钉连接

图 2-1　钢结构的连接方法

1. 焊接连接

焊接连接是现代钢结构最主要的连接方法。

优点：构造简单，不削弱构件截面（不必钻孔）；加工方便；密封性好；刚度大；节约钢材，可省去一定量的拼接板；易于自动化作业，生产效率高。

缺点：在焊缝附近的热影响区内，钢材的组织发生改变，导致局部材质变脆；在焊件中产生焊接残余应力和残余变形，对结构工作有不利影响；低温冷脆问题较为突出等。

焊接连接广泛用于除直接承受动力荷载的钢结构中，例如吊车梁、制动梁等。

2. 螺栓连接

螺栓连接是先在被连接件上钻孔，然后装入预制的螺栓，拧紧螺母。

优点：安装时不需要特殊设备，操作简便，便于拆卸。

缺点：连接部分需钻孔，削弱截面，增加了加工工作量；连接部分需搭接或另加拼接板，比焊接连接多用钢材。

螺栓连接适用于结构的安装连接、经常装拆结构的连接和临时固定连接。

3. 铆钉连接

铆钉连接构造复杂，费钢费工，目前很少采用。但是，铆钉连接的塑性和韧性较好，传力可靠，质量易于检查，在某些重型和直接承受动力荷载的结构中，有时仍然采用。

下面介绍常用焊接连接的构造与计算，以及螺栓连接的构造与计算。

任务二　焊接方法及焊缝强度

一、焊接方法

钢结构的焊接方法主要是电弧焊，包括手工电弧焊、自动和半自动埋弧电弧焊。

1. 手工电弧焊

电弧焊是采用低电压（50～70V）、大电流（几十到几百安培）引燃电弧，使焊条和焊件之间产生很大热量和强烈的弧光，利用电弧热来熔化焊件的接头和焊条进行焊接。

手工电弧焊是生产中最常用的一种焊接方法，如图 2-2（a）所示。焊条和焊件各接一极，通过焊钳、导线和电焊机相接。焊接时首先将焊条和焊件撞击接触引燃电弧，电弧的温度可高达 3000℃。电弧的高温使接缝边缘的主体金属变成液态，形成熔池（一般 1～2mm 深）。同时，焊条中的焊丝熔化为金属滴迅速滴入熔池内，与焊件的熔化金属混合而铸成均匀的合金，随着焊条的移动，这种熔化的合金冷却后即形成焊缝，如图 2-2（b）、（c）所示。

焊条药皮在焊接过程中产生气体，保护电弧和熔化金属，并形成熔渣覆盖焊缝，防止空气中的氧、氮等有害气体进入焊缝。

手工电弧焊的优点是设备简单，操作灵活方便，适用于任意空间位置的焊接，特别适于焊接短焊缝。缺点是生产效率低，劳动量大。

手工焊所采用的焊条应与焊件钢材强度相适应。对 Q235 钢用 E43 型焊条（E4300～E4328），对 Q345 钢用 E50 型焊条（E5000～E5048），对 Q390 钢、Q420 钢和 Q460 钢用

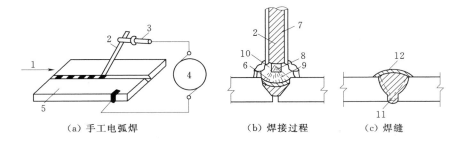

（a）手工电弧焊　　　　（b）焊接过程　　　　（c）焊缝

图 2-2　手工电弧焊示意图

1—施焊方向；2—焊条；3—焊钳；4—电焊机；5—主体金属；6—熔池；7—药皮；

8—熔滴；9—电弧；10—保护气体；11—补焊焊根；12—熔渣

E55 型焊条（E5500～E5518）。

2. 自动和半自动埋弧电弧焊

焊剂层下自动焊是焊接过程机械化的一种主要焊接方法，如图 2-3 所示。它的引弧、焊丝送下、焊剂堆落和焊丝沿着焊缝方向的移动都是自动的。焊剂层下自动焊的实质是电弧不暴露在大气中燃烧，而是埋在散粒状的焊剂层下面，故又称为埋弧自动焊。

半自动焊既有自动焊的优点，又有手工焊的灵活性。半自动焊除由人工操作前进外，其余过程与自动焊相同，即半自动焊的焊丝送下、焊剂堆落是自动的，而焊丝沿着焊接方向的移动仍是手持焊枪移动。半自动焊可以应用于直线或曲线形焊缝、连续或间断焊缝，但也和自动焊一样只能在平面倾角不大的斜面位置上进行施焊。

另外还有二氧化碳气体保护焊（图 2-4）、气焊、电阻焊等。

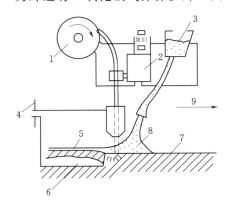

图 2-3　焊剂层下自动焊示意图

1—焊丝转盘；2—转动焊丝的电动机；3—焊剂
漏斗；4—电源；5—熔化的焊剂；6—焊缝
金属；7—焊件；8—焊剂；9—移动方向

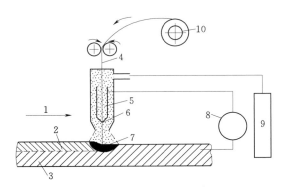

图 2-4　二氧化碳气体保护焊过程示意图

1—焊接方向；2—焊缝金属；3—主体金属；
4—焊丝；5—喷嘴；6—导电嘴；7—熔池；
8—电焊机；9—CO_2 气瓶；10—焊丝盘

二、焊接连接形式和焊缝类型

焊接连接形式按被连接钢材间的相互位置分为对接、搭接、T 形连接和角接连接四种形式。焊缝按其构造来分，主要有对接焊缝和角焊缝（图 2-5）。

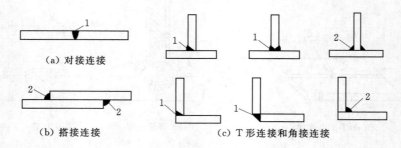

图 2-5　焊缝连接形式和焊缝类型
1—对接焊缝；2—角焊缝

　　焊缝按施焊位置分为俯焊（平焊）、横焊、立焊及仰焊四种（图 2-6）。俯焊施焊质量最易保证；立焊和横焊施焊比俯焊困难，质量较难保证；仰焊最难施焊，焊缝质量不易保证，应尽量避免。

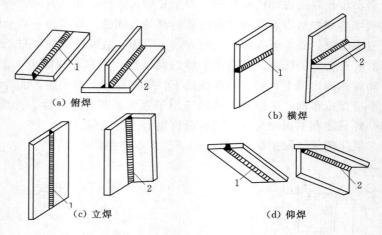

图 2-6　焊缝位置示意图
1—对接焊缝；2—角焊缝

　　角焊缝按其与外力方向的不同分为端焊缝、侧焊缝和斜焊缝。

三、焊缝的强度

　　焊缝的强度主要取决于焊缝金属和主体金属的强度，并与焊接形式、应力集中程度以及焊接的工艺条件等有关。

（一）对接焊缝的强度

　　对接焊缝的应力分布情况基本和板件一样，可用计算板件强度的方法进行计算。对接焊缝的静力强度一般均能达到母材的强度。对接焊缝的抗压、抗剪和满足二级焊缝质量检查标准的抗拉强度设计值均与母材相同。对满足三级检查标准的对接焊缝抗拉设计强度，约取母材强度设计值的 85％。

　　对有较大拉应力的对接焊缝以及直接承受动力荷载构件的较重要的对接焊缝，宜采用二级焊缝；对抗动力和疲劳性能有较高要求处采用一级焊缝。

（二）角焊缝的强度

角焊缝的强度和外力的方向有关。侧焊缝强度最低，端焊缝强度最高。端焊缝的破坏强度是侧焊缝的 1.35～1.55 倍，斜焊缝的强度介于两者之间。

由于角焊缝的应力状态复杂，在各种破坏形式中取其最低的平均剪应力来控制角焊缝的强度。角焊缝抗拉、抗压、抗剪不分焊缝质量级别均采用相同的强度设计值。

侧焊缝与端焊缝在强度上的区别，将在计算式中予以体现。对施工条件较差的高空安装焊缝的强度设计值乘以 0.9 的系数。水工钢闸门等水工钢结构，应采用焊缝的容许应力，见附表 1-3。

任务三　对接焊缝连接

一、构造规定

对接焊缝主要用于板件、型钢的拼接或构件的连接。对接焊缝按焊缝是否被焊透，分为焊透的对接焊缝和未焊透的对接焊缝两种。一般采用焊透的对接焊缝。

（1）为了保证对接焊缝内部有足够的熔透深度，焊件之间必须保持正确的等宽间隙（0.5～2mm），并根据板厚及焊接方法不同，板边常需加工成不同的坡口形式（图 2-7），分为不开坡口的 I 形，开坡口的 V 形、X 形、U 形和 K 形等。

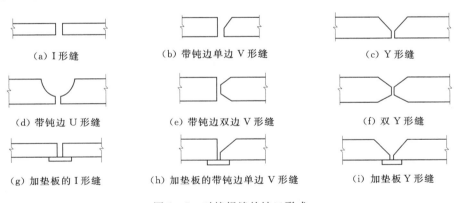

(a) I 形缝　　　(b) 带钝边单边 V 形缝　　　(c) Y 形缝

(d) 带钝边 U 形缝　　　(e) 带钝边双边 V 形缝　　　(f) 双 Y 形缝

(g) 加垫板的 I 形缝　　　(h) 加垫板的带钝边单边 V 形缝　　　(i) 加垫板 Y 形缝

图 2-7　对接焊缝的坡口形式

采用手工焊时，当板厚 $t \leqslant 10$mm，可采用不切坡口的 I 形，$t \leqslant 5$mm 时可单面焊；当板厚 $t=10 \sim 20$mm 时，采用 V 形或半 V 形坡口；当板厚 $t \geqslant 20$mm 时，采用 X 形、U 形和 K 形等，对于 V 形和 U 形缝的根部需要清除焊根，并进行补焊。

（2）当两钢板宽度不同时，应将宽板两侧以不宜大于 1：2.5 的坡度缩减到窄板宽度［图 2-8（a）］。

（3）当两钢板厚度相差超过 4mm 时，需将较厚板的边缘刨成 1：2.5 的坡度，使其逐渐减到与较薄板等厚，以减缓突变处应力集中的影响［图 2-8（b）］。

（4）在一般焊缝中，每条焊缝的起弧端和灭弧端分别存在弧坑和未熔透的缺陷，这种缺

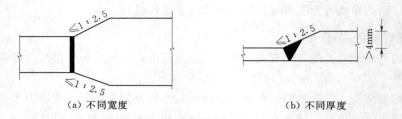

（a）不同宽度　　　　　　　　　　　　　（b）不同厚度

图 2-8　不同宽度或厚度钢板的连接

陷统称为焊口。焊口处常产生裂纹和应力集中。这对处于低温或承受动力荷载的结构不利。凡要求等强的对接焊缝施焊时均应采用引弧板和引出板，以避免焊缝两端的起、落弧缺陷。在某些特殊情况下无法采用引弧板和引出板时，计算每条焊缝长度时应减去 $2t$（t 为焊件的较小厚度）。

（5）不需要疲劳计算的构件中，凡要求与母材等强的对接焊缝宜焊透，其质量等级当受拉时不应低于二级，受压时不宜低于二级。

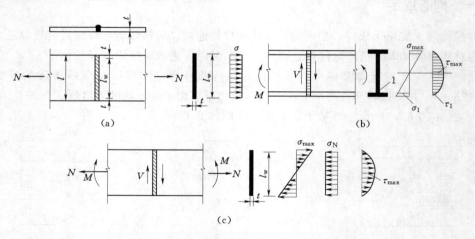

图 2-9　对接焊缝连接的受力情况

二、对接焊缝的强度计算

（一）对接直焊缝受轴心力的计算

当外力垂直于焊缝轴线方向［图 2-9（a）］，且通过焊缝重心时，对接直焊缝受轴心力 N 作用时，应按式（2-1a）验算焊缝的强度：

$$\sigma = \frac{N}{l_w h_e} \leqslant f_t^w (f_c^w) \tag{2-1a}$$

式中　N——轴心拉力或轴心压力设计值；

　　　l_w——焊缝长度，当未采用引弧板时，取实际长度减去 $2t$，当采用引弧板时，取焊缝实际长度；

　　　h_e——对接焊缝的计算厚度，在对接连接节点中取连接件的较小厚度，在 T 形连接节点中取腹板的厚度；

f_t^w、f_c^w——对接焊缝的抗拉、抗压强度设计值，见附表 1-2。

水工钢结构按容许应力法计算时，应按式（2-1b）验算：

$$\sigma=\frac{N}{l_w h_e}\leqslant[\sigma_t^h]或[\sigma_c^h] \tag{2-1b}$$

式中　　N——轴心拉力或压力标准值；

$[\sigma_t^h]$、$[\sigma_c^h]$——对接焊接的抗拉、抗压容许应力，见附表 1-3。

【案例 2-1】　两钢板拼接采用对接焊缝，钢板截面为 500mm×12mm，承受轴心拉力标准值 $N_{Gk}=300kN$，$N_{Qk}=350kN$，钢材采用 Q235，采用手工电弧焊，焊缝质量为三级，施焊时不用引弧板，$\theta=30°$。试按两种方法验算焊缝的强度（图 2-10）。

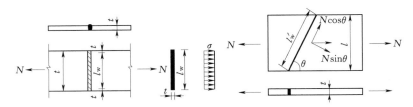

图 2-10　对接焊缝连接的受力情况

解：

方法一：极限状态法

焊缝计算厚度 $h_e=t=12mm$，查附表 1-2 得焊缝的抗拉强度 $f_t^w=185N/mm^2$。

焊缝长度：$l_w=l-2t=500-2×12=476(mm)$

轴心拉力设计值：$N=1.2N_{Gk}+1.4N_{Qk}=1.2×300+1.4×350=850(kN)$

焊缝应力：$\sigma=\frac{N}{l_w h_e}=\frac{850×10^3}{476×12}=148.8(N/mm^2)＜f_t^w=185(N/mm^2)$

满足要求。

方法二：容许应力法

焊缝计算厚度 $h_e=12mm$，查附表 1-3 得焊缝的抗拉容许应力 $[\sigma_t^h]=135N/mm^2$，不用引弧板，焊缝计算长度：$l_w=l-2t=500-2×12=476(mm)$。

焊缝应力：$\sigma=\frac{N}{l_w t}=\frac{N_{Gk}+N_{Qk}}{l_w t}=\frac{(300+350)×10^3}{476×12}=113.8(N/mm^2)$

$＜[\sigma_t^h]=135(N/mm^2)$

满足要求。

斜对接焊缝受轴心力作用，焊缝的计算可按式 $\sigma=\frac{N\sin\theta}{l_w' h_e}$ 和 $\tau=\frac{N\cos\theta}{l_w' h_e}$ 计算。

焊缝计算厚度 $h_e=12mm$，查附表 1-2 得焊缝的抗拉强度 $f_t^w=185N/mm^2$，抗剪强度 $f_v^w=125N/mm^2$。

$$l_w'=\frac{b}{\sin\theta}-2t=\frac{500}{\sin30°}-2×12=1000-24=976(mm)$$

$$\sigma=\frac{N\sin\theta}{l_w' h_e}=\frac{850×10^3×0.5}{976×12}=36.28(N/mm^2)＜f_t^w=185(N/mm^2)$$

$$\tau=\frac{N\cos\theta}{l'_{w}h_{e}}=\frac{850\times10^{3}\times0.866}{976\times12}=62.85(\mathrm{N/mm^{2}})<f_{v}^{w}=125(\mathrm{N/mm^{2}})$$

满足要求。

（二）弯矩和剪力共同作用下的计算

1. 矩形截面构件的对接焊缝

对接焊缝承受弯矩 M 和剪力 V 作用时，焊缝中的应力状态和构件中的应力状态基本相同，焊缝端部的最大正应力与焊缝截面中和轴的最大剪应力，按下列公式进行验算：

$$\sigma_{\max}=\frac{M}{W_{w}}\leqslant f_{t}^{w} \tag{2-2}$$

$$\tau_{\max}=\frac{VS_{w}}{I_{w}h_{e}}\leqslant f_{v}^{w} \tag{2-3a}$$

对于矩形截面：

$$\tau=\frac{1.5V}{l_{w}h_{e}} \tag{2-3b}$$

式中　　M——计算截面的弯矩设计值；

W_{w}——焊缝的截面抵抗矩，$W_{w}=h_{e}l_{w}^{2}/6$；

I_{w}——焊缝计算截面对中和轴的惯性矩，$I_{w}=h_{e}l_{w}^{3}/12$；

S_{w}——所求应力点以上（或以下）焊缝截面对中和轴的面积矩；

V——计算截面的剪力设计值；

f_{v}^{w}——对接焊缝的抗剪强度设计值，见附表 1-2；

h_{e}——焊缝的计算厚度，取连接构件中较小厚度，在 T 形连接中为腹板的厚度；

l_{w}——焊缝的计算长度。

2. 工字形截面构件的对接焊缝

工字形截面构件的焊缝除了验算焊缝端部的最大正应力与焊缝截面中和轴的最大剪应力外，在正应力和剪应力都较大的点，即工字梁腹板和翼缘的交接处 1 点 [图 2-9（b）]，同时受有较大的正应力 σ_1 和较大的剪应力 τ_1，应按式（2-4）计算其折算应力：

$$\sqrt{\sigma_{1}^{2}+3\tau_{1}^{2}}\leqslant1.1f_{t}^{w} \tag{2-4}$$

其中

$$\sigma_{1}=\sigma_{\max}\frac{h_{0}}{h}$$

$$\tau_{1}=\frac{VS_{1}}{I_{w}t_{w}}$$

式中　　σ_1——工字形焊缝截面翼缘腹板交界处的正应力；

τ_1——工字形焊缝截面翼缘腹板交界处的剪应力；

I_{w}——工字形截面的惯性矩；

S_1——工字形焊缝截面翼缘对中性轴的面积矩；

h_0——腹板的高度；

t_{w}——焊缝的计算厚度，即腹板厚度。

【案例 2-2】　验算图 2-11 所示热轧普通工字钢 I20a 对接焊缝强度。对接截面承受弯矩设计值 $M=46\mathrm{kN\cdot m}$，剪力设计值 $V=90\mathrm{kN}$，钢材为 Q235B，采用手工焊，E43 型焊条，焊缝质量为二级。

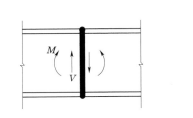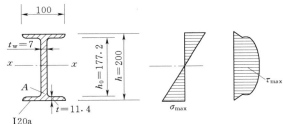

图 2-11　工字钢对接焊缝示意图（尺寸单位：mm）

解：

查附表 5-1 得：$t_w = 7mm$，$t = 11.4mm$，$W_x = 237 \times 10^3 mm^3$，$I_x/S_x = 174mm$。又 $I_w = I_x$，$W_w = W_x$。

查附表 1-2 得：$f_t^w = f_c^w = 215N/mm^2$，$f_v^w = 125N/mm^2$。

$$\sigma_w = \frac{M}{W_w} = \frac{46 \times 10^6}{237 \times 10^3} = 194.1(N/mm^2) < f_t^w = 215(N/mm^2)$$

$$\tau = \frac{VS_w}{I_w t_w} = \frac{90 \times 10^3}{174 \times 7} = 73.9(N/mm^2) < f_v^w = 125(N/mm^2)$$

验算腹板边缘 A 点的折算应力：

腹板高度：　　　　　　$h_0 = h - 2t = 200 - 2 \times 11.4 = 177.2(mm)$

腹板边缘 A 点的折算应力：

$$\sigma_A^w = \frac{46 \times 10^6 \times 177.2}{237 \times 10^3 \times 200} = 171.9(N/mm^2)$$

A 点以下翼缘焊缝截面对中和轴的面积矩：

$$S_1 = 11.4 \times 100 \times (100 - 5.7) = 107.5 \times 10^3(mm^3)$$

$$\tau_A^w = \frac{90 \times 10^3 \times 107.5 \times 10^3}{2369 \times 10^4 \times 7} = 58.3(N/mm^2)$$

所以　　　　　$\sqrt{(\sigma_A^w)^2 + 3(\tau_A^w)^2} = \sqrt{(171.9)^2 + 3 \times (58.3)^2} = 199.4(N/mm^2)$

$$< 1.1 f_t^w = 1.1 \times 215 = 236.5(N/mm^2)$$

满足要求。

任务四　角焊缝连接

一、受力情况和构造规定

（一）角焊缝的受力情况

角焊缝主要采用直角焊缝（图 2-12），两焊脚边的夹角为 90°。有时也采用斜角焊缝（图 2-13），但夹角 α 大于 120°或小于 60°时，除钢管结构外，不宜用作受力焊缝。

平行于力作用方向的角焊缝称为侧焊缝；垂直于力作用方向的角焊缝称为端焊缝；与力

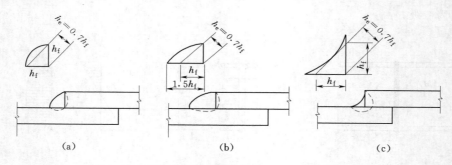

图 2-12 直角角焊缝截面形式

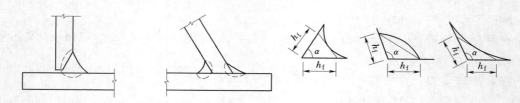

图 2-13 斜角角焊缝截面形式

作用方向斜交的角焊缝称为斜焊缝。

直角角焊缝截面形式分为普通角焊缝 [图 2-12（a）]、平坡焊缝 [图 2-12（b）] 和凹焊缝 [图 2-12（c）]。

侧焊缝主要承受纵向剪应力，剪切破坏通常发生在焊缝截面三角形最小厚度的平面上 [图 2-14（b）]，故直角角焊缝计算的有效厚度 $h_e=h_f\cos45°\approx0.7h_f$。

（二）角焊缝的构造规定

角焊缝的主要尺寸是焊脚尺寸 h_f 和焊缝计算长度 l_w。其主要构造规定如下：

（1）角焊缝最小焊脚尺寸宜按表 2-1 取值。承受动荷载时角焊缝焊脚尺寸不宜小于 5mm。

表 2-1　　　　　　　　　　　　角焊缝最小焊脚尺寸　　　　　　　　　　　　单位：mm

母材厚度 t	角焊缝最小焊脚尺寸 h_f	母材厚度 t	角焊缝最小焊脚尺寸 h_f
$t\leqslant6$	3	$12<t\leqslant20$	6
$6<t\leqslant12$	5	$t>20$	8

注 1. 采用不预热的非低氢焊接方法进行焊接时，t 等于焊接连接部位中较厚件厚度，宜采用单道焊缝；采用预热的非低氢焊接方法或低氢焊接方法进行焊接时，t 等于焊接连接部位中较薄件厚度。
2. 焊缝尺寸 h_f 不要求超过焊接连接部位中较薄件厚度的情况除外。

（2）搭接焊缝沿母材棱边的最大焊脚尺寸，当板厚不大于 6mm 时，应为母材厚度；当板厚大于 6mm 时，应为母材厚度减去 1～2mm（图 2-14）。

（3）考虑起弧和灭弧的不利影响，角焊缝的计算长度 l_w 取其实际长度减去 $2h_f$。

（4）角焊缝的最小计算长度应为 $8h_f$，且不应小于 40mm。

（5）角焊缝的搭接焊缝连接中，当焊缝计算长度 l_w 超过 $60h_f$ 时，焊缝的承载力设计值应乘以折减系数 α_f，$\alpha_f=1.5-l_w/(120h_f)$，并不小于 0.5。

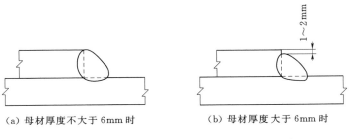

（a）母材厚度不大于6mm时　　　　（b）母材厚度大于6mm时

图 2-14 搭接焊缝沿母材棱边的最大焊脚尺寸

（6）传递轴向力的部件，其搭接连接最小搭接长度应为较薄焊件厚度的 5 倍，且不应小于 25mm（图 2-15）。

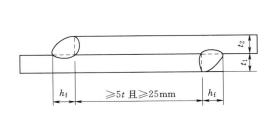

图 2-15 搭接连接双角焊缝的要求

t—t_1 和 t_2 中的较小者；h_f—焊脚尺寸，按设计要求

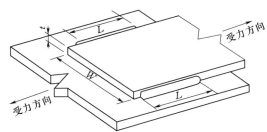

图 2-16 纵向角焊缝的最小长度示意图

（7）单独采用纵向角焊缝连接型钢杆件端部时，型钢杆件的宽度 W 不应大于 200mm（图 2-16），当宽度 W 大于 200mm 时，应加横向角焊或中间塞焊；型钢杆件每一侧纵向角焊缝的长度 L 不应小于 W。

（8）在次要构件或次要焊接连接中，可采用断续角焊缝，断续角焊缝焊段的长度不得小于 $10h_f$ 或 50mm，其净距不应大于 $15t$（对受压构件）或 $30t$（对受拉构件），t 为较薄焊件厚度。腐蚀环境中不宜采用断续角焊缝。

（9）型钢杆件搭接连接采用围焊缝时，在转角处应连续施焊。杆件端部搭接角焊缝作绕焊时，绕焊长度不应小于焊脚尺寸的 2 倍，并应连续施焊。

二、强度计算

（一）基本公式

如图 2-17（a）所示的角焊缝连接，在外力 N_x 作用下角焊缝有效截面（$h_e l_w = 0.7 h_f l_w$）上产生垂直于焊缝长度方向的正应力 $\sigma_\perp$ 和剪应力 $\tau_\perp$ [图 2-17（b）]；在外力 N_y 的作用下产生平行于焊缝长度方向的剪应力 $\tau_{/\!/}$。三向应力作用于一点，则该点处于复杂应力状态，按式（2-5）计算：

$$\sqrt{\left(\frac{\sigma_f}{\beta_f}\right)^2 + \tau_f^2} \leqslant f_f^w \qquad (2-5)$$

式中　β_f——端焊缝强度设计值增大系数，对承受静力荷载和间接承受动力荷载的结构，

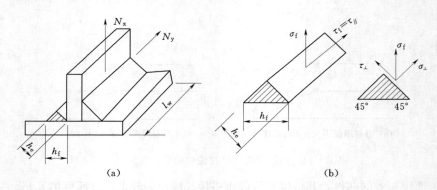

图 2-17 角焊缝有效截面上各种应力

$\beta_f = 1.22$；对直接承受动力荷载的结构，$\beta_f = 1.0$。

式（2-5）是角焊缝连接计算的基本公式，由该公式可知：

（1）端焊缝。当只有垂直于焊缝长度方向的轴心力 N_x 时，应满足：

$$\sigma_f = \frac{N_x}{h_e \sum l_w} \leqslant \beta_f f_f^w \qquad (2-6)$$

（2）侧焊缝。当只有平行于焊缝长度方向的轴心力 N_y 时，应满足：

$$\tau_f = \frac{N_y}{h_e \sum l_w} \leqslant f_f^w \qquad (2-7)$$

按容许应力法计算时，角焊缝连接计算（各种受力情况的侧焊缝、端焊缝和围焊缝）应统一按角焊缝的容许剪应力 $[\tau_f^h]$（附表1-3）验算，而 N、M、V 为由最大荷载标准值计算的内力，例如：

$$\frac{N}{h_e \sum l_w} \leqslant [\tau_f^h] \qquad (2-8)$$

容许应力法的角焊缝计算，都可参照式（2-8）的方式进行。

（二）轴心力 N 作用时连接计算

1. 采用盖板的对接连接

焊件承受通过连接焊缝中心的轴心力时，焊缝的应力认为是均匀分布的。如图 2-18 (a) 所示，只有侧焊缝时，按式（2-7）计算；只有端焊缝时，按式（2-6）计算；采用围焊缝时 [图 2-18 (b)]，按式（2-6）先计算端焊缝所承担的内力 N'（$N' = 2h_e l_w' \times 1.22 f_f^w$），所余内力（$N-N'$）按式（2-7）计算侧焊缝。对于承受动力荷载时，按轴心力由围焊缝有效截面平均承担计算，即

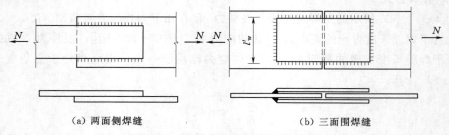

(a) 两面侧焊缝 　　　　　　　　　　　(b) 三面围焊缝

图 2-18 受轴向力作用的角焊缝连接

$$\frac{N}{h_e \sum l_w} \leqslant f_f^w \qquad (2-9)$$

式中　$\sum l_w$——拼接缝一侧的角焊缝计算总长度。

2. 角钢与节点板的连接

角钢与节点板的连接焊缝宜采用两面侧焊缝，也可以采用三面围焊缝和 L 形围焊缝，如图 2-19 所示。为避免偏心受力，应使焊缝传递的合力作用线与角钢的轴线（重心线）相重合。

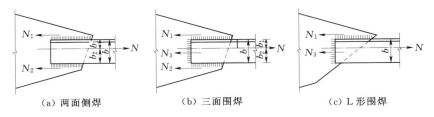

（a）两面侧焊　　　　　（b）三面围焊　　　　　（c）L 形围焊

图 2-19　受轴心力作用的角钢和节点板的连接

（1）两面侧焊。当采用侧焊缝连接截面不对称的焊件时，例如角钢和节点板的连接（图 2-20），由于作用在角钢重心线上的轴心力 N 距两侧侧焊缝的距离不相等，两侧侧焊缝受力大小也不同。由平衡条件得角钢肢背焊缝和肢尖焊缝承担的内力 N_1 和 N_2 为：

$$N_1 = \frac{b_2 N}{b} = k_1 N \qquad (2-10a)$$

$$N_2 = \frac{b_1 N}{b} = k_2 N \qquad (2-10b)$$

式中　k_1、k_2——角钢和节点板搭接时两侧焊缝的内力分配系数，近似按图 2-20 所示数据进行分配。

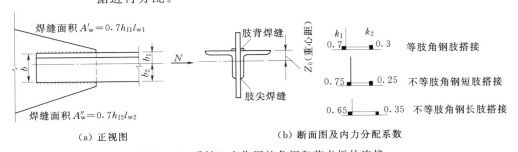

（a）正视图　　　　　　　　　　（b）断面图及内力分配系数

图 2-20　受轴心力作用的角钢和节点板的连接

两侧侧焊缝的内力求得后，再根据构造要求和强度计算即可确定每侧焊缝的厚度 h_f 和焊缝长度 l_w 为：

肢背　　　　　　　　$$\sum h_{e1} l_{w1} = \frac{k_1 N}{f_f^w} \qquad (2-11a)$$

肢尖　　　　　　　　$$\sum h_{e2} l_{w2} = \frac{k_2 N}{f_f^w} \qquad (2-11b)$$

对于单角钢连接，考虑不对称截面搭接的偏心影响，上式中的焊缝强度乘以折减系数 0.85。

（2）三面围焊。为了使连接构造紧凑，也可采用围焊缝（图 2-21）。可先选定正面

焊缝的焊缝厚度 h_{f3}，计算出它所承受的内力 $N_3=2\beta_f \times 0.7h_{f3}bf_f^w$，通过平衡关系解得：$N_1=k_1N-N_3/2$；$N_2=k_2N-N_3/2$。两侧所需焊缝尺寸为：

肢背
$$\sum l_{w1}=\frac{k_1N-\dfrac{N_3}{2}}{h_{e1}f_f^w} \qquad\qquad (2-12a)$$

肢尖
$$\sum l_{w2}=\frac{k_2N-\dfrac{N_3}{2}}{h_{e2}f_f^w} \qquad\qquad (2-12b)$$

为使连接构造合理，肢背与肢尖可采用不同的焊缝厚度，这样可使肢背和肢尖的焊缝长度 l_w 接近相等。

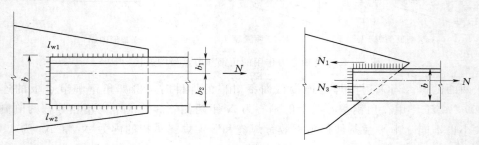

图 2-21　角钢和节点板采用围焊缝连接　　图 2-22　角钢和节点板采用 L 形围焊缝连接

（3）L 形围焊。为了使连接构造紧凑，也可采用 L 形围焊缝（图 2-22）。可先选定正面焊缝的焊缝厚度 h_{f3}，通过平衡关系解得：

$$N_1=k_1N-\frac{N_3}{2},N_2=k_2N-\frac{N_3}{2}$$

由于 L 形焊缝，则

$$N_2=0,N_3=2k_2N,N_1=k_1N-\frac{N_3}{2}=k_1N-k_2N=(k_1-k_2)N$$

求得 N_1、N_3 之后，分别用端焊缝和侧焊缝的公式计算出所需焊缝尺寸为：

肢背
$$\sum l_{w1}=\frac{N_1}{h_ef_f^w} \qquad\qquad (2-13a)$$

端焊缝
$$\sum l_{w3}=\frac{N_3}{h_ef_f^w\beta} \qquad\qquad (2-13b)$$

【案例 2-3】　某桁架腹杆承受的拉力为 460kN，其截面由两个等肢角钢 2∠75×8 组成，节点板厚 10mm，计算角焊缝的连接。钢材为 Q235，手工焊，采用 E43 型焊条。

解：

查附表 1-1、附表 1-2 得：钢材的强度设计值 $f=215\text{N/mm}^2$，角焊缝的强度设计值 $f_f^w=160\text{N/mm}^2$。

（1）采用侧焊缝。

等肢角钢的肢背和肢尖所分担的内力分别为：

$$N_1=0.7N=0.7\times460=322\text{(kN)}$$
$$N_2=0.3N=0.3\times460=138\text{(kN)}$$

设肢背焊缝厚度 $h_{f1}=8mm$，需要焊缝长度为：

$$l_{w1}=\frac{N_1}{2h_{e1}f_f^w}=\frac{322\times10^3}{2\times0.7\times8\times160}=179.7(mm)$$

考虑焊口影响，$179.7+2h_{f1}=179.7+2\times8=195.7(mm)$，实际焊缝长度取 $l_{w1}=200mm$。

设肢尖焊缝厚度 $h_{f2}=6mm$，需要焊缝长度为：

$$l_{w2}=\frac{N_2}{2h_{e2}f_f^w}=\frac{138\times10^3}{2\times0.7\times6\times160}=102.7(mm)$$

考虑焊口影响，$102.7+2h_{f2}=102.7+2\times6=114.7(mm)$，实际焊缝长度取 $l_{w2}=120mm$。

（2）采用围焊缝。

假定焊缝厚度 h_f 一律为 6mm，则肢端、肢背和肢尖分担的荷载为：

$$N_3=2\times0.7h_f\times1.22bf_f^w=2\times0.7\times6\times1.22\times75\times160=123(kN)$$

$$N_1=0.7N-\frac{N_3}{2}=0.7\times460-\frac{123}{2}=260.5(kN)$$

$$N_2=0.3N-\frac{N_3}{2}=0.3\times460-\frac{123}{2}=76.5(kN)$$

肢背焊缝长度 $l_{w1}=\frac{N_1}{2h_ef_f^w}=\frac{260.5\times10^3}{2\times0.7\times6\times160}=193.8(mm)$

考虑焊口影响，$193.8+h_f=193.8+6=199.8(mm)$，实际焊缝长度取 200mm。

肢尖焊缝长度 $l_{w2}=\frac{N_2}{2h_ef_f^w}=\frac{76.5\times10^3}{2\times0.7\times6\times160}=56.9(mm)$

考虑焊口影响，$56.9+h_f=56.9+6=62.9(mm)$，实际焊缝长度取 70mm。

（三）弯矩 M、剪力 V 和轴力 N 共同作用 T 形连接计算

图 2-23 为 T 形连接。在轴心力 N 和偏心力 P 作用下，其中 P 在角焊缝引起剪力 V（$V=P$）和弯矩 M（$M=Pe_x$）。由弯矩 M 所产生的应力为 σ_{fM}，其方向垂直于焊缝（相当于端焊缝受力情况），呈三角形分布；由轴心力 N 引起的应力为 σ_{fN}，其方向垂直于焊缝，为均匀分布；由剪力 V 引起的应力为 τ_{fV}，其方向平行于焊缝，按均匀分布考虑 [图 2-23（d）]。

$$\sigma_{fM}=\frac{M}{W_w},\sigma_{fN}=\frac{N}{A_w},\tau_{fV}=\frac{V}{A_w}$$

式中 W_w——角焊缝有效截面的截面模量，图 2-23（b）中，$W_w=\frac{h_e\sum l_w^2}{6}$；

A_w——角焊缝有效截面面积，图 2-23（b）中，$A_w=h_e\sum l_w$。

在 M、V 和 N 共同作用下，角焊缝有效截面上受力最大的应力点，按式（2-5）计算强度，即满足：

$$\sqrt{\left(\frac{\sigma_{fM}+\sigma_{fN}}{\beta_f}\right)^2+\tau_{fV}^2}\leqslant f_f^w \qquad(2-14)$$

当承受静力或间接动力荷载时，取 $\beta_f=1.22$；当直接承受动力荷载时，取 $\beta_f=1.0$。

【案例 2-4】 设有牛腿与钢柱连接，牛腿尺寸及作用力的设计值（静力荷载）如

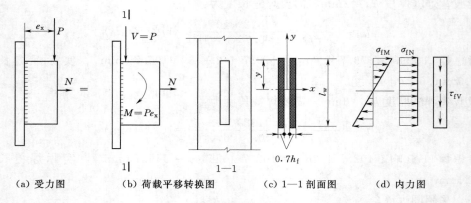

（a）受力图　　　　（b）荷载平移转换图　　　（c）1—1剖面图　　　（d）内力图

图 2-23　角焊缝受弯矩、剪力和轴心力共同作用

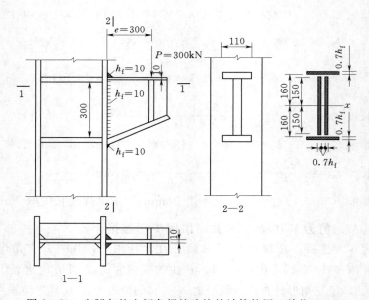

图 2-24　牛腿与柱之间角焊缝连接的计算简图（单位：mm）

图 2-24 所示，钢材为 Q390 钢，采用 E55 型焊条，手工焊。试验算角焊缝的连接强度。

解：

查附表 1-2 得 $f_\mathrm{f}^\mathrm{w}=220\mathrm{N/mm^2}$，由图 2-24 知 $h_\mathrm{f}=10\mathrm{mm}$。牛腿和柱连接的角焊缝承受牛腿传来的剪力。

$$V = P = 300\mathrm{kN}, M = Pe = 300 \times 0.3 = 90(\mathrm{kN \cdot m})$$

假定剪力仅由牛腿腹板上的焊缝承受，腹板上焊缝的有效面积为：

$$A_\mathrm{w} = 2 \times 0.7 \times 10 \times (300 - 20) = 3920(\mathrm{mm^2})$$

翼缘焊缝形心到中和轴的距离为：

$$150 + 10 + \frac{0.7h_\mathrm{f}}{2} = 160 + \frac{7}{2} = 163.5(\mathrm{mm})$$

角焊缝有效截面对 x 轴的惯性矩为：

$$I_w = \frac{2 \times 0.7 \times 10 \times (300-20)^3}{12} + 2 \times 0.7 \times 10 \times (110-20) \times (163.5)^2$$

$$= 5929.3 \times 10^4 (\text{mm}^4)$$

翼缘焊缝最外缘的截面模量：

$$W_1 = \frac{5929.3 \times 10^4}{167} = 3.55 \times 10^5 (\text{mm}^3)$$

腹板焊缝有效边缘的截面模量：

$$W_2 = \frac{5929.3 \times 10^4}{140} = 4.24 \times 10^5 (\text{mm}^3)$$

弯矩产生的角焊缝最大应力：

$$\sigma_{fMmax} = \frac{90 \times 10^6}{3.55 \times 10^5} = 253.5(\text{N/mm}^2) < 1.22 f_f^w = 1.22 \times 220 = 268.4(\text{N/mm}^2)$$

腹板有效边缘的应力：

$$\sigma_{fM} = \frac{90 \times 10^6}{4.24 \times 10^5} = 212.3(\text{N/mm}^2) < 1.22 f_f^w = 1.22 \times 220 = 268.4(\text{N/mm}^2)$$

$$\tau_{fV} = \frac{300 \times 10^3}{3920} = 76.5(\text{N/mm}^2)$$

$$\sigma_{fN} = 0$$

所以

$$\sqrt{\left(\frac{\sigma_{fM} + \sigma_{fN}}{\beta_f}\right)^2 + \tau_{fv}^2} = \sqrt{\left(\frac{212.3}{1.22}\right)^2 + 76.5^2} = 190.1(\text{N/mm}^2) < f_f^w = 220(\text{N/mm}^2)$$

【案例 2-5】 如图 2-25 所示，柱翼缘与牛腿板采用双面角焊缝连接，构件钢材为 Q235B，手工焊，采用 E43 型焊条，角焊缝强度设计值 $f_f^w = 160\text{N/mm}^2$，角焊缝焊脚尺寸 $h_f = 10\text{mm}$（无引弧板），焊缝承受的静力荷载设计值 $N = 700\text{kN}$，$\theta = 45°$，试验算该连接角焊缝是否满足强度要求。

解：

焊缝受到的水平方向拉力：

$$N_x = N\sin\theta = 700\sin45° = 494.9(\text{kN})$$

焊缝受到的竖直方向剪力：

$$V = N_y = N\cos\theta = 700\cos45° = 494.9(\text{kN})$$

外力对焊缝形心的弯矩：

$$M = N_x y + N_y x = 494.9 \times 0.05 + 0 = 24.8(\text{kN} \cdot \text{m})$$

焊缝面积：

$$A_w = 2h_e l_w = 2 \times 0.7 \times 10 \times (420-20) = 5600(\text{mm}^2)$$

焊缝的截面模量：

$$W_w = \frac{2h_e l_w^2}{6} = \frac{2 \times 0.7 \times 10 \times (420-20)^2}{6}$$

$$= 373333(\text{mm}^3)$$

剪力产生的剪应力：

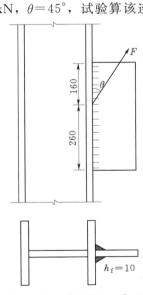

图 2-25 ［案例 2-5］图
（尺寸单位：mm）

37

$$\tau_{fV} = \frac{V}{A_w} = \frac{494.9 \times 10^3}{5600} = 88.4 (\text{N/mm}^2)$$

拉力产生的拉应力：

$$\sigma_{fN} = \frac{N_x}{A_w} = \frac{494.9 \times 10^3}{5600} = 88.4 (\text{N/mm}^2)$$

弯矩产生的拉应力：

$$\sigma_{fM} = \frac{M}{W_w} = \frac{24.8 \times 10^6}{373333} = 66.4 (\text{N/mm}^2)$$

受力最大点的应力合力：

$$\sqrt{\left(\frac{\sigma_{fM} + \sigma_{fN}}{\beta}\right)^2 + \tau_{fV}^2} = \sqrt{\left(\frac{66.4 + 88.4}{1.22}\right)^2 + 88.4^2}$$
$$= 154.6 (\text{N/mm}^2) < f_f^w = 160 (\text{N/mm}^2)$$

满足强度要求。

（四）扭矩 T 和剪力 V 共同作用下搭接连接计算

例如柱和牛腿的搭接连接（图 2-26）、偏心外力 P 作用下板件搭接（图 2-26）等。在图 2-26 中外力 P 可转化为作用于角焊缝形心 O 的剪力 V（$V=P$）和扭矩 $T=Pe_x$。

扭矩在角焊缝上任意一点产生应力的方向垂直于该点和形心的连线，且应力大小与其距离 r 的大小成正比。距角焊缝有效截面形心最远点（如 A 点）的应力按式（2-15）计算：

$$\tau_A = \frac{Tr_{max}}{I_p} \tag{2-15}$$

其中

$$I_p = I_x + I_y$$

式中　r_{max}——焊缝有效截面形心到应力作用最远点的距离；

　　　I_p——角焊缝有效截面的极惯性矩；

I_x、I_y——焊缝有效截面分别对 x、y 轴上的惯性矩。

将扭矩 T 在 A 点产生的应力 τ_A 分解为对 x、y 轴上的分应力：

$$\tau_{Tx} = \frac{Ty_{max}}{I_x + I_y} \text{（侧焊缝受力性质）} \tag{2-16}$$

$$\tau_{Ty} = \frac{Tx_{max}}{I_x + I_y} \text{（端焊缝受力性质）} \tag{2-17}$$

在剪力 V 作用下焊缝有效截面上产生剪应力 τ 近似按平均分布考虑。A 点处的剪应力 $\tau_{Vy} = V/A_w$（端焊缝受力性质）。

在图 2-27 中，外力 P 分解为 P_x 和 P_y。扭矩 $T = P_xe_y + P_ye_x$，剪力分别为 P_x 和 P_y。

距角焊缝有效截面形心最远点（如 A 点）各应力的分量为：

$$\tau_{Vx} = \frac{P_x}{A_w}, \quad \tau_{Vy} = \frac{P_y}{A_w}$$

$$\tau_{Tx} = \frac{(P_xe_y + P_ye_x)y_{max}}{I_x + I_y}, \quad \tau_{Ty} = \frac{(P_xe_y + P_ye_x)x_{max}}{I_x + I_y}$$

在 T 和 V 的共同作用下，角焊缝中有效截面上受力最大的点，可根据受力性质分别按式（2-18a）和式（2-18b）两者之一计算强度：

$$\sqrt{\left(\frac{\tau_{\mathrm{Ty}}+\tau_{\mathrm{Vy}}}{1.22}\right)^{2}+(\tau_{\mathrm{Tx}}+\tau_{\mathrm{Vx}})^{2}}\leqslant f_{\mathrm{f}}^{\mathrm{w}}\quad（静荷载）\qquad(2-18\mathrm{a})$$

或

$$\sqrt{(\tau_{\mathrm{Ty}}+\tau_{\mathrm{Vy}})^{2}+(\tau_{\mathrm{Tx}}+\tau_{\mathrm{Vx}})^{2}}\leqslant f_{\mathrm{f}}^{\mathrm{w}}\quad（动荷载）\qquad(2-18\mathrm{b})$$

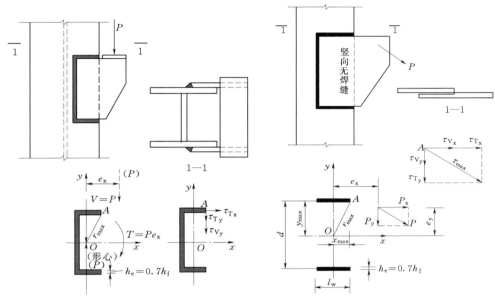

图 2-26　柱与牛腿角焊缝受剪力　　　　图 2-27　板件间角焊缝受剪力
　　　　和扭矩共同作用　　　　　　　　　　　　和扭矩共同作用

任务五　焊接应力和焊接变形

一、焊接应力

焊接构件在受荷前，由于施焊的电弧高温作用引起的内应力和变形称为焊接应力和焊接变形。焊接残余应力是指焊件冷却后残留在焊件内的应力，故又称为收缩应力。

（一）焊接应力产生的原因

1. 纵向焊接残余应力

焊接过程是一个不均匀的加热和冷却过程。图 2-28（a）为周边自由的两块钢板对接焊接后的残余应力分布情况。由于施焊时电弧对钢板的不均匀加热，焊缝及其附近热影响区温度达到了热塑性状态，在冷却过程中由于焊件的整体性妨碍了高温区的自由收缩，因而焊缝区发生了很大的纵向残余拉应力。在低温区则受到纵向残余压应力［图 2-28（b）］。

2. 横向焊接残余应力

焊件会在垂直于焊缝方向产生横向残余应力（图 2-28），纵向和横向残余应力在焊件中部焊缝中形成了同号双向拉应力场，是焊接结构易发生脆性破坏的原因之一。

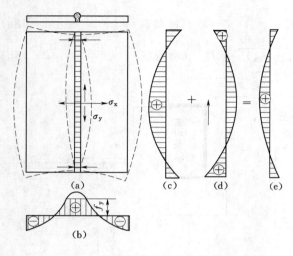

图 2-28 钢板对焊后的残余应力

3. 沿焊缝厚度方向的焊接残余应力

在厚钢板的连接中，焊缝需要多层施焊。因此，除有纵向和横向焊接残余应力外，沿厚度方向还存在焊接残余应力（图 2-29）。这三种应力形成较严重的同号的三向应力场，对焊缝的工作不利。

4. 约束状态下产生的焊接应力

实际焊接接头中，有的焊件并不能自由伸缩，如图 2-30（a）所示，在施焊时，焊缝及其附近高温钢板的横向膨胀受到阻碍而产生横向压缩。焊缝冷却后，由于收缩受到约束，便产生约束应力，如图 2-30（b）、（c）所示。

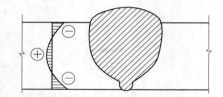
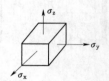

图 2-29 沿焊缝厚度方向的残余应力

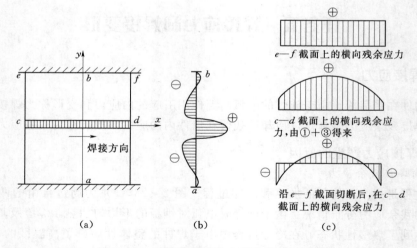

图 2-30 约束焊接接头中的残余应力分布

（二）焊接应力对结构构件的危害

（1）对于承受静载的焊接结构，在常温下没有严重的应力集中，焊接残余应力并不影响结构的静力强度。

（2）残余应力的存在会降低结构的刚度，增大变形，降低稳定性。

（3）由于残余应力一般为三向同号应力状态，材料在这种应力状态下易转向脆性。降低疲劳强度，尤其在低温动荷载作用下，容易产生裂纹，有时会导致低温脆性断裂。

（三）减小或消除焊接残余应力的措施

1. 构造设计方面

应避免引起三向拉应力的情况。当几个构件相交时，应避免焊缝过分集中。在正常情况下，当不采用特殊措施时，设计焊缝厚度和板厚度均不宜过大，以减少焊缝应力和变形。

2. 制造方面

应选用适当的焊接方法、合理的装配及施焊次序，尽量使各焊件能自由收缩。当焊缝较厚时应采用分层焊；当焊缝较长时可采用分段逆焊法（图 2-31）。

3. 焊前预热和焊后热处理

焊件焊前预热可减少焊缝金属和主体金属的温差，减少残余应力，减轻局部硬化和改善焊缝质量。焊后将焊件作

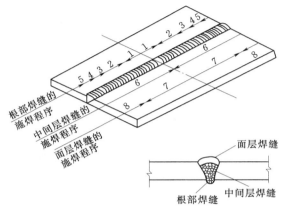

图 2-31　合理的施焊顺序

退火处理，可消除焊接残余应力，但因工艺和设备较复杂，除特别重要的构件和尺寸不大的重要零部件外，一般较少采用。

二、焊接残余变形

1. 对结构构件的危害

（1）焊接残余变形使结构的安装困难，对使用有很大影响。

（2）过大的残余变形会显著降低结构的承载能力。

2. 减小或消除焊接变形的措施

（1）反变形法。在施焊前预留适当的收缩量和根据经验预先造成相反方向和适当大小的变形来抵消焊后变形，如图 2-32 所示。这种方法一般适用于较薄板件。

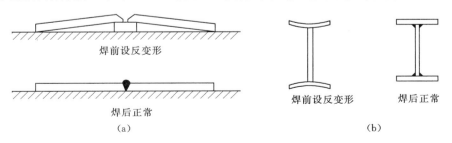

图 2-32　焊件的反变形措施

（2）采用合理的装配和焊接顺序。

（3）焊后矫正。以机械矫正和局部火焰加热矫正较为常用。对于低合金钢不宜使用锤击方法进行矫正。

任务六 螺 栓 连 接

一、概述

（一）螺栓的种类

螺栓有普通螺栓、高强螺栓和锚固螺栓三类。普通螺栓根据加工精度又分为粗制螺栓和精制螺栓；高强螺栓分为摩擦型和承压型两种；锚固螺栓只能承受拉力，不能承受剪力。

螺栓的制图符号如图 2-33 所示。图中细"＋"线表示定位线。

（a）永久螺栓　　（b）安装螺栓　　（c）高强螺栓　　（d）螺栓孔　　（e）椭圆形螺栓孔

图 2-33　螺栓的制图符号

（二）螺栓的排列

螺栓的排列方式有并列和交错排列（图 2-34）。前者简单，后者紧凑。

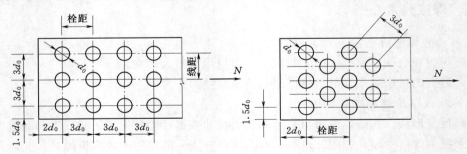

图 2-34　螺栓的排列间距

（1）受力要求。螺孔（d_0）的最小端距为 $2d_0$，以免板端被剪穿；螺孔的最小边距为 $1.5d_0$（切割边）或 $1.2d_0$（轧制边）。在型钢上螺栓应排列在型钢准线上。中间螺孔的最小间距为 $3d_0$。

（2）施工要求。安装时螺栓要保证一定的间距，以便于扳手的转动，拧紧螺母。

（3）构造要求。螺栓的间距也不宜过大，特别是受压板件当栓距过大时易发生凸曲现象。板和刚性构件连接时栓距过大不易接触紧密，潮气易于侵入缝隙而锈蚀。具体要求见表 2-2。

表 2-2

螺栓的孔距、边距和端距容许值

名　　称	位置和方向			最大允许距离（取两者的较小值）	最小允许距离
中心间距	外排（垂直内力方向或顺内力方向）			$8d_0$ 或 $12t$	$3d_0$
	中间排	垂直内力方向		$16d_0$ 或 $24t$	
		顺内力方向	构件受压力	$12d_0$ 或 $18t$	
			构件受拉力	$16d_0$ 或 $24t$	
	沿对角线方向			—	
中心至构件边缘距离	顺内力方向			$4d_0$ 或 $8t$	$2d_0$
	垂直内力方向	剪切边或手工切割边			$1.5d_0$
		轧制边、自动气割或锯割边	高强度螺栓		
			其他螺栓或铆钉		$1.2d_0$

二、普通螺栓

普通螺栓形式为六角头型，其代号用字母 M 和公称直径的毫米数表示。普通螺栓又分为 A、B、C 三级，其中 A、B 级为精制螺栓，C 级为粗制螺栓。

钢结构连接用 4.6 级及 4.8 级普通螺栓为 C 级螺栓，5.6 级及 8.8 级普通螺栓为 A 级或 B 级螺栓。B 级普通螺栓的孔径 d_0 较螺栓公称直径 d 大 0.2～0.5mm，C 级普通螺栓的孔径 d_0 较螺栓公称直径 d 大 1.0～1.5mm。

C 级螺栓宜用于沿其杆轴方向受拉的连接，在下列情况下可用于受剪连接：

（1）承受静力荷载或间接承受动力荷载的结构中的次要连接。

（2）承受静力荷载的可拆卸结构的连接。

（3）临时固定构件的安装连接。

如图 2-35（a）所示，在外力作用下，被连接板件的接触面产生相对滑移的趋势，同时靠螺栓杆本身剪切面的抗剪和承压来传递垂直于螺栓杆方向的外力，这种连接称为抗剪连接，相应的受力螺栓称为抗剪螺栓。

如图 2-35（b）所示，在外力作用下，被连接板件的接触面出现了相互脱开的倾向，同时靠螺栓杆直接承受拉力来传递平行于螺栓杆方向的外力，这种连接称为抗拉连接，相应的受力螺栓称为抗拉螺栓。

如图 2-35（c）所示，受力后产生相对滑动和脱开并存的倾向，则螺栓杆既承受剪力又承受拉力，称为同时承受拉力和剪力的连接，相应的受力螺栓称为拉剪螺栓。

下面将分别介绍上述三种螺栓连接的计算方法。

（一）抗剪螺栓

实际螺栓连接中都是采用螺栓群。为了解决螺栓群的问题，先来研究单个螺栓的工作性能和计算。

1. 单个抗剪螺栓的工作性能

图 2-36 为单个螺栓抗剪连接中的平均剪应力和连接的剪切变形间的关系曲线。从曲

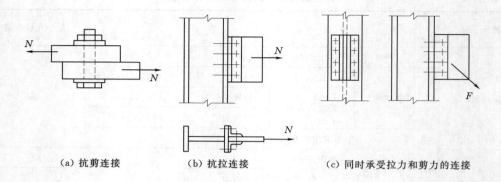

（a）抗剪连接　　　（b）抗拉连接　　　（c）同时承受拉力和剪力的连接

图 2-35　螺栓连接按传力方式分类

线中可以看出连接的破坏分三个阶段：

（1）弹性工作阶段，即 0—1 斜直线段。此时外力较小，靠板件间摩擦力传力，连接处于弹性工作阶段。一般普通螺栓的初拉力很小，因此其弹性工作阶段很短；而高强度螺栓在螺杆中有很大的预拉力，同时将板件挤压得很紧，连接受力后在接触面上产生很大的摩擦力，因而弹性阶段明显增长。

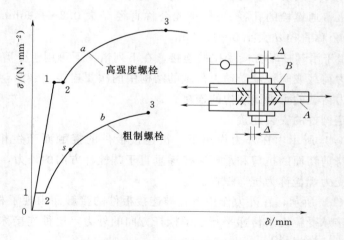

图 2-36　单个螺栓受剪工作

（2）相对滑移阶段，即 1—2 水平段。当外力超过板件间的摩擦力后，板件间将产生相对滑移，螺栓杆与孔壁相接触。

（3）弹塑性阶段，即 2—3 曲线段。螺栓杆与孔壁接触后，外力通过螺栓杆与孔壁的相互作用传力。螺栓杆在剪切面受剪，在承压面承压，孔壁则受到螺栓杆的挤压。随着外力的继续增大，曲线渐趋平缓，直到最终破坏。

普通螺栓和承压型高强度螺栓的抗剪连接，当达到承载力极限时，可能有 5 种破坏形式：栓杆剪断、孔壁挤压破坏、钢板拉断破坏、端部钢板剪断破坏、栓杆受弯破坏（图2-37）。

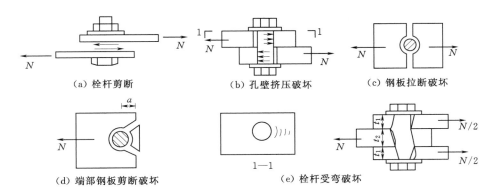

（a）栓杆剪断　　　　（b）孔壁挤压破坏　　　　（c）钢板拉断破坏

（d）端部钢板剪断破坏　　　　　　（e）栓杆受弯破坏

图 2-37　抗剪螺栓连接的破坏情况

2. 单个抗剪螺栓的承载力

螺栓即将破坏时，沿剪切面上的剪应力分布不均匀，在实用计算中假定剪应力为均匀分布。这时，每个螺栓的抗剪承载力设计值 N_v^b 为：

$$N_v^b = \frac{n_v \pi d^2 f_v^b}{4} \tag{2-19a}$$

式中　n_v——单个螺栓的受剪面数目，单剪 $n_v=1$，双剪（图 2-38）$n_v=2$；

　　　d——螺栓直径；

　　　f_v^b——普通螺栓的抗剪强度设计值，按附表 1-4 取用。

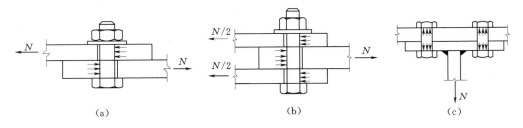

（a）　　　　　　　　　　（b）　　　　　　　　　　（c）

图 2-38　普通螺栓的受力

按容许应力法计算时，每个螺栓的抗剪承载力容许值 $[N^l]$ 为：

$$[N^l] = \frac{n_v \pi d^2 [\tau^l]}{4} \tag{2-19b}$$

式中　$[\tau^l]$——普通螺栓的抗剪容许应力，按附表 1-5 采用。

计算螺栓的承压承载力时，沿螺杆侧面的承压力实际分布是不均匀的，实用计算中假定承压力沿螺杆直径宽度上均匀分布，如图 2-39（a）所示。这时，单个螺栓的承压承载力设计值为：

$$N_c^b = d\sum t f_c^b \tag{2-20a}$$

式中　$\sum t$——连接件中同一受力方向承压钢板总厚度的较小值，图 2-39 中 $\sum t$ 取 $2t_1$ 和 t_2 中的较小值；

　　　f_c^b——构件的承压强度设计值，按附表 1-4 采用。

按容许应力法计算时，单个螺栓的承压承载力容许值为：

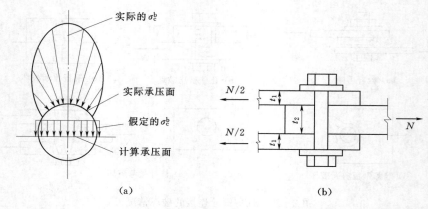

图 2-39 拉剪螺栓连接的受剪面数

$$[N_c^l]=d\sum t[\sigma_c^l] \tag{2-20b}$$

式中 $[\sigma_c^l]$ ——螺栓的承压容许应力，按附表 1-5 采用。

3. 螺栓群受剪时的计算

（1）螺栓群受轴心剪力作用。螺栓群在轴心剪力 N 作用下（图 2-40），按抗剪和承压两者中较小值 N_{min}^b 来定。

在连接工作的弹性阶段，各螺栓所承受的剪力大小不等，沿轴心力方向，两端较大，中间较小。但随着外力的增大，连接进入弹塑性阶段后，因内力重分布使各螺栓所受剪力趋于相等。计算时假定内力平均分配给每个螺栓。

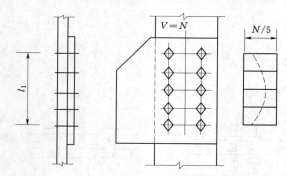

图 2-40 螺栓群受轴心剪力时的剪力分布

在构件的节点处或拼接接头的一侧，由于螺栓群在弹性阶段各螺栓受力不相等，两端大中间小。当接头长度 $l_1>15d_0$ 时，单个螺栓的承载力应乘以折减系数 $\beta=1.1-l_1/150d_0$；当 $l_1\geqslant60d_0$ 时，取 $\beta=0.7$。此规定也适用于高强螺栓。

连接所需螺栓数目：

$$n\geqslant\frac{N}{\beta N_{min}^b} \tag{2-21}$$

另外，还应验算螺栓孔处构件的净截面强度：

$$\frac{N}{A_n}\leqslant0.7f_u \tag{2-22}$$

式中 A_n ——构件的净截面面积。

当螺栓并列排列时 ［图 2-41（a）］，构件在第一列螺栓处的截面Ⅰ—Ⅰ受力最大，其净截面面积 $A_n=bt-n_1d_0t$。拼接板在第一列处的净截面面积应大于构件的净截面面积。当螺栓交错排列时 ［图 2-41（b）］，构件可能沿Ⅰ—Ⅰ截面或Ⅱ—Ⅱ截面破坏。齿形破坏的净截面面积 $A_n=[2e_1+(n-1)\sqrt{a^2+e^2}-nd_0]t$，$n$ 为齿形截面上的螺栓数。

【案例 2-6】 设计某截面为 16mm×340mm 的钢板拼接连接，采用两块拼接板 $t=$

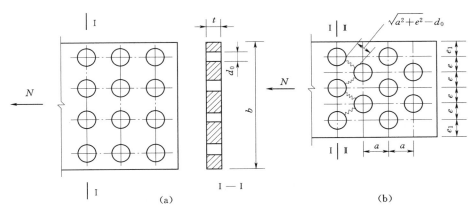

图 2-41　构件净截面面积计算

9mm 和 C 级螺栓连接。钢板和螺栓均为 Q235 钢，孔壁按 Ⅱ 类孔制作。钢板承受轴心拉力设计值 $N=600\mathrm{kN}$（图 2-42）。

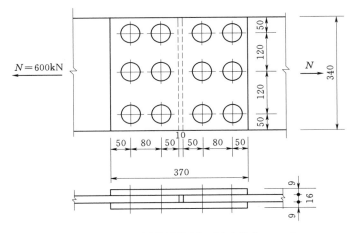

图 2-42　钢板拼接计算图（尺寸单位：mm）

解：

查附表 1-1 得，钢材的极限抗拉强度最小值 $f_{\mathrm{u}}=370\mathrm{N/mm^2}$；选用 M22 的 C 级螺栓，查附表 1-4 得螺栓抗剪强度设计值 $f_{\mathrm{v}}^{\mathrm{b}}=140\mathrm{N/mm^2}$；承压强度设计值 $f_{\mathrm{c}}^{\mathrm{b}}=305\mathrm{N/mm^2}$。单个螺栓的抗剪和承压承载力为：

$$N_{\mathrm{v}}^{\mathrm{b}}=\frac{n_{\mathrm{v}}\pi d^2 f_{\mathrm{v}}^{\mathrm{b}}}{4}=\frac{2\pi\times22^2\times140}{4}=106.4(\mathrm{kN})$$

$$N_{\mathrm{c}}^{\mathrm{b}}=d\sum t f_{\mathrm{c}}^{\mathrm{b}}=22\times16\times305=107.4(\mathrm{kN})$$

连接一侧所需的螺栓数为：

$$n=\frac{N}{N_{\mathrm{min}}^{\mathrm{b}}}=\frac{600}{106.4}=5.6$$

拼接板每侧采用 6 个螺栓，并列排列。螺栓的间距和边、端距根据构造规定排列如图 2 - 42 所示。

钢板净截面强度验算（$d_0 \approx d + 1.5 \text{mm}$）：

$$\frac{N}{A_n} = \frac{600 \times 1000}{340 \times 16 - 3 \times 23.5 \times 16} = 139.9 (\text{N/mm}^2) < 0.7 f_u = 0.7 \times 370 = 259 (\text{N/mm}^2)$$

（2）螺栓群受扭矩作用。螺栓群受扭矩作用时属于抗剪连接（图 2 - 43）。其计算一般先布置好螺栓，再计算受力最大的螺栓所承受的剪力并与一个螺栓的承载力进行比较。

最远端螺栓所受的最大剪力 N_1^T 为：

$$N_1^T = \frac{T r_1}{\sum r_i^2} = \frac{T r_1}{\sum x_i^2 + \sum y_i^2} \tag{2-23}$$

式中　$\sum x_i^2$——各螺栓旋转半径在 x 轴上投影的平方和；

　　　$\sum y_i^2$——各螺栓旋转半径在 y 轴上投影的平方和。

也可将 N_1^T 分解为水平和竖直分力，如图 2 - 43（c）所示。

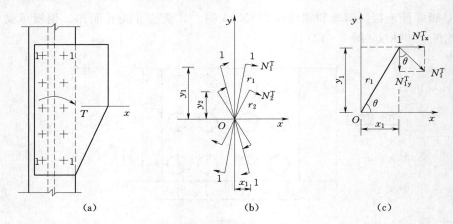

图 2 - 43　螺栓群受扭矩作用

$$N_{1x}^T = \frac{T y_1}{\sum x_i^2 + \sum y_i^2} \tag{2-24a}$$

$$N_{1y}^T = \frac{T x_1}{\sum x_i^2 + \sum y_i^2} \tag{2-24b}$$

在比较狭长的连接中，当 $y_1 > 3 x_1$ 时，由于 $\sum x_i^2 \ll \sum y_i^2$，式中 $\sum x_i^2$ 和 N_{1y}^T 可忽略不计，近似用 N_1^T 代替 N_{1x}^T 得：

$$N_1^T = N_{1x}^T = \frac{T y_1}{\sum y_i^2} \tag{2-25a}$$

当 $x_1 > 3 y_1$ 时，N_1^T 近似用 N_{1y}^T 代替得：

$$N_1^T = N_{1y}^T = \frac{T x_1}{\sum x_i^2} \tag{2-25b}$$

螺栓群受扭矩作用时不发生破坏的条件为：

$$N_1^T \leqslant N_{\min}^b \tag{2-26}$$

（3）螺栓群受偏心剪力作用。在螺栓连接中常遇到受偏心外力 N 作用的抗剪螺栓连接。如柱上牛腿受到偏心外力 N 作用，如图 2 - 44 所示。

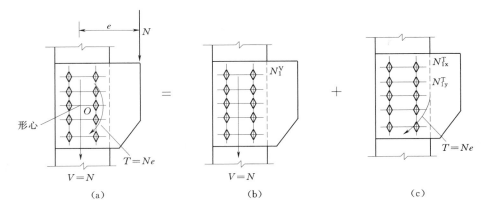

图 2-44　螺栓群偏心受剪

把偏心力 N 移到螺栓群中心 O，得到剪力 $V=N$ 及扭矩 $T=Ne$，在剪力 V 作用下，每个螺栓平均分担剪力为 $N_1^V=N/n$；在扭矩作用下，受力最大的螺栓所受的剪力 N_{1x}^T、N_{1y}^T 按式（2-24）计算。受力最大的螺栓受到两个方向的矢量和应满足以下条件：

$$N_{1max} = \sqrt{(N_1^V + N_{1y}^T)^2 + (N_{1x}^T)^2} \leqslant N_{min}^b \qquad (2-27)$$

（二）抗拉螺栓

1. 抗拉螺栓的工作特点

在抗拉螺栓连接中，外力将使被连接构件拉开而使螺栓受拉，最后螺栓杆会被拉断。

普通螺栓抗拉强度设计值取相同钢材抗拉强度设计值的 0.8 倍（即 $f_t^b=0.8f$）。当普通螺栓或锚栓的螺杆受拉时，每个螺栓或锚栓的承载力即为螺杆螺纹根部的有效截面的承载力 N_t^b 为：

普通螺栓：

$$N_t^b = \frac{\pi d_e^2 f_t^b}{4} \qquad (2-28a)$$

锚栓：

$$N_t^a = \frac{\pi d_e^2 f_t^a}{4} \qquad (2-28b)$$

按容许应力法计算时，单个螺栓或锚栓的承载力容许值 $[N_t^l]$ 或 $[N_t^d]$ 为：

普通螺栓：

$$[N_t^l] = \frac{\pi d_e^2 [\sigma_t^l]}{4} \qquad (2-29a)$$

锚栓：

$$[N_t^d] = \frac{\pi d_e^2 [\sigma_t^d]}{4} \qquad (2-29b)$$

式中　f_t^b、f_t^a——普通螺栓或锚栓的抗拉强度设计值，见附表 1-4；

　　　$[\sigma_t^l]$、$[\sigma_t^d]$——普通螺栓或锚栓的抗拉容许应力，见附表 1-5；

　　　d_e——螺纹内径，见附表 7-3。

2. 抗拉螺栓群受轴心拉力作用

如图 2-35（b）所示，当螺栓群受轴心拉力时，通常采用粗制螺栓，各个螺栓平均分担拉力，即每个螺栓所受的拉力为：

$$N_1^t = \frac{N}{n} \qquad (2-30)$$

螺栓不被拉坏的设计承载力条件为：

$$N_1^t \leqslant N_t^b \qquad (2-31)$$

设计时，常已知轴心拉力 N，则需要的螺栓数为：

$$n \geqslant \frac{N}{N_t^b} \qquad (2-32)$$

求出需要的螺栓数后，再根据构造要求，合理布置螺栓。

3. 螺栓群受弯矩作用

如图 2-45 所示为柱的翼缘与牛腿用普通螺栓连接。螺栓群受弯矩 M 作用，上部螺栓受拉，因而有使连接上部分离的趋势，使螺栓群旋转中心下移。近似假定螺栓群绕最下边一排螺栓旋转，各排螺栓所受拉力大小与距最下边一排螺栓的距离成正比。最上边一排螺栓所受拉力最大值为：

$$N_1^M = \frac{M y_1}{m \sum y_i^2} \qquad (2-33)$$

式中　m——螺栓列数，在图 2-45 中，$m=2$。

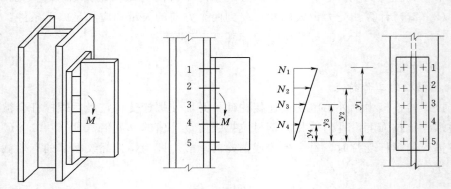

图 2-45　弯矩作用下的抗拉螺栓

在弯矩作用下，螺栓不被拉断的条件为：

$$N_1^M \leqslant N_t^b \qquad (2-34)$$

4. 同时承受拉力和剪力作用

螺栓同时承受剪力和拉力（图 2-46）或者承受剪力和弯矩（如图 2-47 中当支托只在安装横梁时使用，而不承受剪力 V）。这种螺栓应满足下面的相关公式：

$$\sqrt{\left(\frac{N_v}{N_v^b}\right)^2 + \left(\frac{N_t}{N_t^b}\right)^2} \leqslant 1 \qquad (2-35a)$$

$$N_v \leqslant N_c^b \qquad (2-35b)$$

式中　　N_v——单个螺栓所承受的剪力，图 2-46 中，$N_v = N_y/n$；图 2-47 中，$N_v = V/n$；
　　　　N_t——单个螺栓所承受的拉力，图 2-46 中 $N_t = N_x/n$；图 2-47 中，$N_t = M y_1/(2 \sum y_i^2)$；

N_v^b、N_t^b、N_c^b——一个普通螺栓抗剪、抗拉和承压承载力设计值。

当剪力很大时，通常设置支托承受剪力，而螺栓只承受拉力。

如图 2-47 所示的梁与柱的安装连接，通常采用粗制螺栓承受弯矩所引起的拉力，而剪力由焊在柱翼缘上的支托承担。计算这种抗拉螺栓时，可限定转动中心在最下面的螺栓处，各螺栓所受的拉力与该螺栓至转动中心的距离 y 成正比。

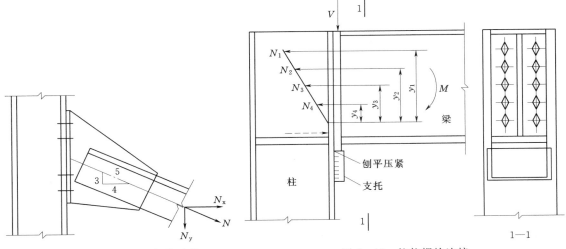

图 2-46　抗拉和抗剪螺栓连接　　　　图 2-47　抗拉螺栓连接

【案例 2-7】　如图 2-48 所示，该连接承受荷载设计值 $N=400\text{kN}$（静载），钢材为 Q235-AF。若采用普通 C 级螺栓 M22，此连接是否安全？

解：

查附表 1-4 得螺栓的抗拉强度设计值 $f_t^b=170\text{N}/\text{mm}^2$，螺栓的抗剪强度设计值 $f_v^b=140\text{N}/\text{mm}^2$，构件的承压强度设计值 $f_c^b=305\text{N}/\text{mm}^2$。查附表 7-3 得螺纹内径 $d_e=19.65\text{mm}$。

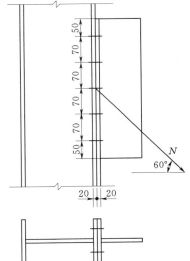

图 2-48　[案例 2-7] 图
（尺寸单位：mm）

螺栓群受到的水平总拉力：$N_x=N\cos60°=400\times0.5=200(\text{kN})$

一个螺栓分担的水平拉力：$N_t=\dfrac{200}{10}=20(\text{kN})$

螺栓群受到的竖向总剪力：$N_y=N\sin60°=400\times0.867=346(\text{kN})$

一个螺栓分担的竖向剪力：$N_v=\dfrac{346}{10}=34.6(\text{kN})$

一个螺栓的抗拉承载力：$N_t^b=\dfrac{3.14d_e^2f_t^b}{4}=\dfrac{3.14\times19.65^2\times170}{4}=51.5(\text{kN})$

一个螺栓的抗剪承载力：$N_v^b=\dfrac{3.14d^2f_v^b}{4}=\dfrac{3.14\times22^2\times140}{4}=53.2(\text{kN})$

一个螺栓处构件的承压承载力：$N_c^b=d\sum tf_c^b=22\times20\times305=134.2(\text{kN})$

$$\sqrt{\left(\dfrac{N_v}{N_v^b}\right)^2+\left(\dfrac{N_t}{N_t^b}\right)^2}=\sqrt{\left(\dfrac{34.6}{53.2}\right)^2+\left(\dfrac{20}{51.5}\right)^2}=0.76<1.0$$

$$N_v = 34.6\text{kN} < N_c^b = 134.2\text{kN}$$

此连接安全。

三、高强螺栓

（一）连接的构造和性能

高强螺栓的形状、构造要求和普通螺栓基本相同。高强螺栓由螺栓、螺母和垫圈组成。高强螺栓等级分为 8.8 级和 10.9 级。高强度螺栓按照受力状态的划分可分为摩擦型和承压型两种。

（1）高强度螺栓承压型连接采用标准圆孔，其孔径 d_0 可按表 2-3 采用。

（2）高强度螺栓摩擦型连接可采用标准孔，大圆孔和槽孔，孔型尺寸可按表 2-3 采用。

表 2-3   高强度螺栓连接的孔型尺寸匹配   单位：mm

螺栓公称直径			M12	M16	M20	M22	M24	M27	M30
孔型	标准孔	直径	13.5	17.5	22	24	26	30	33
	大圆孔	直径	16	20	24	28	30	35	38
	槽孔	短向	13.5	17.5	22	24	26	30	33
		长向	22	30	37	40	45	50	55

（3）高强度螺栓摩擦型连接盖板按大圆孔、槽孔制孔时，应增大垫圈厚度或采用连续型垫板，其孔径与标准垫圈相同，厚度应满足：

1）M24 及以下的高强度螺栓连接，垫圈或连续型垫板的厚度不宜小于 8mm。

2）M24 以上的高强度螺栓连接，垫圈或连续型垫板的厚度不宜小于 10mm。

摩擦型高强螺栓完全依靠被连接件之间的摩阻力传力，当荷载在摩擦面作用的剪力等于最大摩阻力时即为连接的极限状态。摩擦型高强螺栓对孔壁质量要求不高（Ⅱ类孔），但是为了提高摩阻力，对连接的摩擦接触面应进行处理。

摩擦型高强螺栓连接的优点：施工简便、受力好、变形小、耐疲劳、易拆换，工作安全可靠，计算简单，广泛用于钢结构构件中，尤其适用于承受动载的结构。

承压型高强螺栓连接的传力特征是，剪力超过摩擦力时，被连接杆件间发生相对滑移，螺杆杆身与孔壁接触，螺杆受剪，孔壁承压，以螺栓受剪或孔壁承压破坏作为承载力的极限状态。其破坏形式同普通螺栓连接。

承压型高强螺栓连接的优点：施工简便、受力好、承载力大、耐疲劳、易拆换，工作安全可靠，计算简单，广泛用于钢结构构件中。承压型高强螺栓的承载力大于摩擦型高强螺栓，但是变形大，不适用于承受动荷载的结构，仅用于承受静荷载和间接承受动荷载的结构。

（二）预拉力和抗滑移系数

高强度螺栓连接的主要技术要求是钢材、螺栓预拉力和构件接触面处理及其相应的抗滑移系数。高强度螺栓的预拉力 P 是在安装螺栓时通过拧紧螺母实现的，施工中一般采用扭矩法、转角法或扭剪法来控制预拉力。为充分发挥材料强度，高强度螺栓的预拉力值应尽量接近所用钢材屈服强度，但需保证螺栓不会在拧紧过程中屈服甚至断裂。预拉力设计值按式（2-36）计算：

$$P = \frac{0.9 \times 0.9 \times 0.9}{1.2} f_u A_e \qquad (2-36)$$

式中　三个系数0.9——材料不均匀系数、超张拉系数、屈强比；

1.2——剪应力引起的承载力降低系数。

计算时取5kN的整倍，即可得到《钢结构设计标准》（GB 50017—2017）规定的预拉力 P 值（表2-4）。

表2-4 　　　　　　　　　　一个高强螺栓的预拉力 P 　　　　　　　　　单位：kN

螺栓的性能等级	螺栓公称直径					
	M16	M20	M22	M24	M27	M30
8.8级	80	125	150	175	230	280
10.9级	100	155	190	225	290	355

摩擦型高强螺栓连接完全依靠被连接构件间的摩擦传力，摩阻力的大小除了与螺栓预拉力有关外，还与被连接构件材料及其接触面的表面处理方法即高强螺栓连接的摩擦面抗滑移系数 μ 值有关。

高强度螺栓连接也分为抗剪连接、抗拉连接以及同时承受拉力和剪力的连接。与普通螺栓连接相比，螺栓受力分析基本相同，由于传力机理不同，单个螺栓承载力的计算方法也不同。

（三）摩擦型高强螺栓的连接计算

1. 抗剪螺栓的强度计算

（1）单个螺栓的抗剪承载力。摩擦型高强螺栓承受剪力时的设计准则是外力不得超过摩阻力。每个螺栓的摩阻力为 $n_f \mu P$，其抗剪承载力为：

$$N_v^b = 0.9 k n_f \mu P \qquad (2-37)$$

式中　P——一个高强螺栓的预拉力设计值，见表2-4；

n_f——传力摩擦面数目，单剪时 $n_f = 1$，双剪时 $n_f = 2$；

μ——摩擦面的抗滑移系数，见表2-5；

k——孔型系数，标准孔取1.0，大圆孔取0.85，内力与槽孔长向垂直时取0.7，内力与槽孔长向平行时取0.6。

表2-5 　　　　　　　　　　钢材摩擦面的抗滑移系数 μ

连接处构件接触面的处理方法	构件的钢材牌号		
	Q235钢	Q345钢或Q390钢	Q420钢或Q460钢
喷硬质石英砂或铸钢棱角砂	0.45	0.45	0.45
抛丸（喷砂）	0.40	0.40	0.40
钢丝刷清除浮锈或未经处理的干净轧制面	0.30	0.35	—

注　1. 钢丝刷除锈方向应与受力方向垂直。

2. 当连接构件采用不同钢材牌号时，μ 按相应较低强度者取值。

3. 采用其他方法处理时，其处理工艺及抗滑移系数值均需经试验确定。

（2）受轴心剪力作用。受轴心剪力作用时的连接计算按以下步骤进行：

第一步，被连接构件接缝一边所需螺栓数 n：$n \geqslant N/N_v^b$；

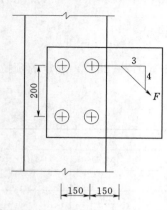

第二步，验算构件净截面强度：

$$\sigma = \frac{N'}{A_n} \leqslant 0.7 f_u \qquad (2-38)$$

$$N' = N \left(1 - \frac{0.5 n_1}{n}\right) \qquad (2-39)$$

式中　A_n——所验算的构件净截面面积（第一列螺孔处）；

　　　　n_1——所验算截面（第一列）上的螺栓数；

　　　　n——连接一边的螺栓总数。

（3）受扭矩或偏心剪力作用。其计算方法与普通螺栓连接相同，只是在计算时用高强螺栓的抗剪承载力设计值。

图 2-49　[案例 2-8] 图（单位：mm）

【案例 2-8】　如图 2-49 所示，单面搭接板采用摩擦型高强螺栓连接，钢材为 Q345A；螺栓采用 10.9 级 M22，螺栓的设计预拉力 $P = 190$kN，抗滑移系数 $\mu = 0.45$。该螺栓连接承受的偏心力设计值 $F = 95$kN。验算该螺栓连接是否满足设计要求。

解：

螺栓群受到的水平方向剪力：　$V_x = F_x = F\cos\theta = 95 \times \frac{3}{5} = 57 \text{(kN)}$

一个螺栓受到水平方向剪力：　$N_{1x} = \frac{V_x}{4} = \frac{57}{4} = 14.3 \text{(kN)}$

螺栓群受到竖直方向剪力：　$V_y = F_y = F\sin\theta = 95 \times \frac{4}{5} = 76 \text{(kN)}$

一个螺栓受到竖直方向剪力：　$N_{1y} = \frac{V_y}{4} = \frac{76}{4} = 19 \text{(kN)}$

螺栓群中心受到的扭矩：

$$T = F_x y_1 + F_y x_1 = \frac{57 \times 0.2}{2} + 76 \times \left(\frac{0.15}{2} + 0.15\right) = 22.8 \text{(kN} \cdot \text{m)}$$

扭矩在一个螺栓中产生的剪力的分力：

$$N_{1x}^T = \frac{Ty_1}{\sum x_i^2 + \sum y_i^2} = \frac{22.8 \times 10^6 \times 100}{4 \times (75^2 + 100^2)} = 36.5 \text{(kN)}$$

$$N_{1y}^T = \frac{Tx_1}{\sum x_i^2 + \sum y_i^2} = \frac{22.8 \times 10^6 \times 75}{4 \times (75^2 + 100^2)} = 27.4 \text{(kN)}$$

受力最大螺栓受到的剪力矢量和为：

$$N_{1max} = \sqrt{(N_{1y}^V + N_{1y}^T)^2 + (N_{1x}^V + N_{1x}^T)^2} = \sqrt{(19 + 27.4)^2 + (14.3 + 36.5)^2}$$
$$= 68.8 \text{(kN)}$$

一个摩擦型螺栓的抗剪承载力为：

$$N_v^b = 0.9 k n_f \mu P = 0.9 \times 1.0 \times 1.0 \times 0.45 \times 190 = 77.0 \text{(kN)}$$

故　　　　　　　　　　　　　$N_{1max} < N_v^b$

满足要求。

2. 抗拉螺栓

图 2－50 为拉力作用于高强度螺栓连接的情况。当无拉力作用时，螺杆预拉力 P 与板件间预压力是大小相等的作用与反作用力；当作用有拉力后，螺杆伸长，拉力增加，板件相互压紧力减小。最终结果是螺杆中应力虽有增加，但量值相对较小。例如，当拉力 $N＝P$ 时，螺栓杆中的拉力 $P_f＝1.1P$。

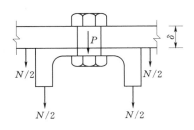

图 2－50　螺栓受拉

试验表明，当外力超过预拉力 P 时，拉力卸除后，螺栓将发生减小预拉力 P 的松弛现象，当拉力小于 $0.9P$ 时，则无松弛现象。为安全起见，一般要求每个螺栓所受外力不超过 $0.8P$。

高强度螺栓的抗拉承载力按式（2－40）确定：

$$N_t^b = 0.8P \qquad\qquad (2-40)$$

3. 拉剪螺栓

当高强度螺栓摩擦型连接同时承受摩擦面间的剪力和螺栓杆轴方向的外拉力时，承载力应符合式（2－41）要求：

$$\frac{N_v}{N_v^b} + \frac{N_t}{N_t^b} \leqslant 1.0 \qquad\qquad (2-41)$$

式中　N_v、N_t——某个高强度螺栓所承受的剪力和拉力；

　　　N_v^b、N_t^b——一个高强度螺栓的抗剪、抗拉承载力设计值。

【案例 2－9】　其他条件同［案例 2－7］。若采用 8.8 级摩擦型高强螺栓 M22，此连接是否安全？（高强螺栓预拉力 $P＝150$kN，摩擦面的抗滑移系数 $\mu＝0.45$。）

解：

一个螺栓的预拉力：$P＝150$kN

一个螺栓分担拉力：$N_t＝20$kN

一个螺栓分担剪力：$N_{v1}＝34.6$kN

一个螺栓抗拉承载力：$N_t^b＝0.8P＝0.8×150＝120$（kN）

一个螺栓抗剪承载力：

$$N_v^b = 0.9kn_f\mu P = 0.9×1×1×0.45×150$$
$$= 60.8（kN）$$

$$\frac{N_v}{N_v^b} + \frac{N_t}{N_t^b} = \frac{34.6}{60.8} + \frac{20}{120} = 0.57 + 0.17 = 0.74 < 1.0$$

此连接安全。

（四）承压型高强度螺栓连接计算

承压型连接的高强度螺栓预拉力 P 应与摩擦型连接高强度螺栓相同。连接处构件接触面应清除油污及浮锈。在抗剪连接中，每个承压型连接高强度螺栓的承载力设计值的计算方法与普通螺栓相同，但当计算剪切面在螺纹处时，其受剪承载力设计值应按螺纹处的有效截面面积进行计算。

1. 抗剪螺栓

在抗剪连接中，每个承压型连接高强度螺栓的承载力设计值的计算方法与普通螺栓相同。但是当剪切面在螺纹处时其受剪承载力设计值应按螺纹处的有效面积进行计算。

在连接中，每个螺栓承载力设计值应取受剪和承压承载力设计值中的较小者。

每个螺栓的抗剪承载力设计值为：

$$N_v^b = n_v \pi d^2 \frac{f_v^b}{4} \tag{2-42a}$$

单个螺栓的承压承载力设计值为：

$$N_c^b = d \sum t f_c^b \tag{2-42b}$$

2. 抗拉螺栓

在抗拉连接中，每个承压型连接高强度螺栓的承载力设计值的计算方法与普通螺栓相同。

$$N_t^b = \frac{\pi d_e^2}{4} f_t^b \tag{2-43}$$

3. 拉剪螺栓

同时承受剪力和杆轴方向拉力的承压型连接的高强度螺栓，应符合下列公式的要求：

$$\sqrt{\left(\frac{N_v}{N_v^b}\right)^2 + \left(\frac{N_t}{N_t^b}\right)^2} \leqslant 1.0 \tag{2-44}$$

$$N_v \leqslant \frac{N_c^b}{1.2} \tag{2-45}$$

式中　N_v、N_t——所计算的某个高强度螺栓所承受的剪力和拉力；

N_v^b、N_t^b、N_c^b——一个高强度螺栓按普通螺栓计算时的抗剪、抗拉和承压承载力设计值。

学 生 工 作 任 务

一、简答题

1. 常用的连接有哪几类，各类的特点是什么？

2. 角焊缝的尺寸在结构上有哪些要求？为什么？

3. 扭矩作用下焊缝强度计算的基本假定是什么？如何求得焊缝最大应力？

4. 焊缝残余应力与残余变形的成因是什么？焊缝残余应力对构件的影响是什么？如何减少焊缝残余应力和焊缝残余变形？

5. 普通螺栓与高强度螺栓在受力特性方面有什么区别？单个螺栓的抗剪承载力设计值是如何确定的？

6. 螺栓群在扭矩作用下，在弹性受力阶段受力最大的螺栓其内力值是在什么假定下求得的？

7. 为什么要控制高强度螺栓的预拉力？

二、选择题

1. 下列不属于普通螺栓连接经常使用的范围的是（　　）。

A. 承受拉力的安装螺栓连接　　　　　B. 主要结构

C. 安装时的临时连接   D. 可拆卸结构的受剪连接

2. 目前基本被其他连接所取代的是（   ）。

A. 焊接连接   B. 铆钉连接

C. 普通螺栓连接   D. 高强度螺栓连接

3. 焊缝质量等级分为（   ）。

A. 一级   B. 二级

C. 三级   D. 四级

4. （   ）焊接方法最为困难，施焊条件最差，质量不易保证，设计和制造时应尽量避免。

A. 平焊   B. 立焊

C. 横焊   D. 仰焊

5. （   ）中焊接残余应力不影响结构的性能。

A. 承受静载的焊接结构   B. 承受动载的焊接结构

C. 承受静载的结构   D. 承受动载的结构

6. 下列关于减少和消除焊接残余应力及残余变形的措施，叙述错误的是（   ）。

A. 选用合适的焊脚尺寸和焊缝长度

B. 焊缝应尽可能地对称布置

C. 连接过渡尽量平缓

D. 可以进行仰焊

7. （   ）属于螺栓连接的受力破坏。

A. 钢板被剪断   B. 螺栓杆受拉破坏

C. 螺栓杆弯曲   D. 螺栓连接滑移

8. 承压型高强度螺栓连接比摩擦型高强度螺栓连接（   ）。

A. 承载力低，变形大   B. 承载力高，变形大

C. 承载力低，变形小   D. 承载力高，变形小

9. 摩擦型高强度螺栓连接的抗剪连接以（   ）作为承载能力极限状态。

A. 螺杆被拉断   B. 螺杆被剪断

C. 孔壁被压坏   D. 连接板件间的摩擦力刚被克服

10. 在承受静力荷载的角焊缝连接中，与侧面角焊缝相比，正面角焊缝是（   ）。

A. 承载能力高，同时塑性变形能力较好

B. 承载能力高，同时塑性变形能力较差

C. 承载能力低，同时塑性变形能力较好

D. 承载能力低，同时塑性变形能力较差

11. 单个普通螺栓承载能力是（   ）。

A. 单个螺栓抗剪设计承载力

B. 单个螺栓承压设计承载力

C. 单个螺栓抗剪和承压设计承载力中较小者

D. 单个螺栓抗剪和承压设计承载力中较大者

12. 螺栓连接的优点是（　　　）。

A. 工业化程度高 　　　　　　　　　B. 节省钢材

C. 密闭性能好 　　　　　　　　　　D. 安装拆卸方便

13. 在钢板厚度或宽度有变化的焊接中，为了使构件传力均匀，应在板的一侧或两侧做坡度不大于（　　　）的斜坡，形成平缓的过渡。

A. 1:2 　　　　　　　　　　　　　　B. 1:2.5

C. 1:3 　　　　　　　　　　　　　　D. 1:3.5

14. 下列不属于角钢用角焊缝连接形式的是（　　　）。

A. 两面侧焊缝 　　　　　　　　　　B. 单面侧焊缝

C. 三面围焊 　　　　　　　　　　　D. L 形围焊

15. 钢结构焊接常用 E43XX 型焊条，其中 43 表示（　　　）。

A. 熔敷金属抗拉强度最小值 　　　　B. 焊条药皮的编号

C. 焊条所需的电源电压 　　　　　　D. 焊条编号，无具体意义

三、计算题

1. 两钢板拼接采用对接焊缝，钢板截面为 $500\text{mm} \times 10\text{mm}$，承受轴心拉力标准值 $N_{Gk} = 200\text{kN}$，$N_{Qk} = 300\text{kN}$，钢材采用 Q235，采用手工电弧焊，焊缝质量为 Ⅲ 级，施焊时不用引弧板。试按两种方法验算焊缝的强度。

2. 验算图 2-51 所示牛腿与柱连接的对接焊缝的强度。已知外力 $F = 180\text{kN}$，钢材为 Q235-AF，焊缝尺寸如图 2-51（b）所示，手工焊，焊条为 E43 型，采用引弧板，采用三级质量检验（假定剪力仅由腹板上的焊缝平均承受）。

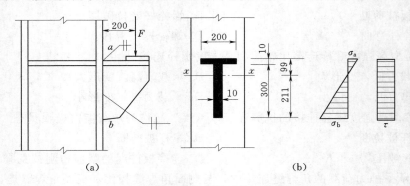

(a) 　　　　　　　　　　　　　　　　　　　(b)

图 2-51　牛腿与柱的焊接连接（单位：mm）

3. 验算某热轧普通工字钢 I25a 对接焊缝强度。对接截面承受弯矩设计值 $M = 60\text{kN} \cdot \text{m}$，剪力设计值 $V = 108\text{kN}$，钢材为 Q235B，采用手工焊，E43 型焊条，焊缝质量为二级。

4. 某桁架腹杆承受的拉力为 500kN，其截面由两个等肢角钢 $2 \angle 80 \times 8$ 组成，节点板厚 10mm，计算角焊缝的连接。钢材为 Q235，手工焊，采用 E43 型焊条。

5. 如图 2-24 所示牛腿与钢柱连接，作用力设计值 $P = 260\text{kN}$（静力荷载），偏心距 $e = 350\text{mm}$，钢材为 Q390 钢，采用 E55 型焊条，手工焊。试验算角焊缝的连接强度。

6. 现将图 2-42 的钢板拼接，改用 Q345 钢 M22 摩擦型高强螺栓（孔径 24mm），拼接板与主钢板接触面喷砂处理，试设计此连接。

7. 如图 2-46 所示，当角钢轴心拉力为 $N=380$kN 时，设计端板与柱的普通螺栓连接。钢材均为 Q235，设螺栓总数为 10 个，间距为 100mm，$t=12$mm，N 通过螺栓群中心。

8. 如图 2-48 所示，连接承受荷载 $N=500$kN（静载，设计值），钢材为 Q235-AF。

(1) 若采用普通 C 级螺栓 M20，此连接是否安全？

(2) 若采用 8.8 级摩擦型高强螺栓 M20，此连接是否安全？

9. 如图 2-49 所示，单面搭接板采用摩擦型高强螺栓连接，钢材为 Q345A；螺栓采用 8.8 级 M20，抗滑移系数 $\mu=0.5$。该螺栓连接承受的偏心力设计值 $F=75$kN。验算该螺栓连接是否满足设计要求？

项目三 钢 梁

学 习 指 南

工作任务

（1）型钢梁的设计。

（2）组合梁的设计。

知识目标

（1）了解钢梁的构造知识。

（2）掌握钢梁强度和刚度计算的相关知识。

（3）了解钢梁整体稳定的概念，掌握钢梁整体稳定验算的相关知识。

（4）了解钢梁局部稳定的概念，掌握钢梁局部稳定验算的相关知识。

（5）掌握钢梁的拼接、连接和支座的构造知识。

技能目标

（1）熟练掌握型钢梁的设计计算。

（2）了解焊接组合梁的设计计算。

（3）掌握钢梁整体失稳和局部失稳的防止措施。

任务一 钢梁的种类和截面形式

钢梁是承受横向荷载的受弯构件，在建筑结构中应用广泛，主要作为主梁、次梁或吊车梁使用，工程施工现场常采用型钢梁作为临时支撑构件。

钢梁按制作方法的不同分为型钢梁和组合梁。型钢梁构造简单、价格低廉、制造省工，应优先采用。但在荷载和跨度较大时，由于轧制条件的限制，型钢的尺寸、规格不能满足承载力和刚度要求时，应采用组合梁。

一、型钢梁

型钢梁常采用热轧工字钢、H 型钢和槽钢〔图 3-1（a）、（b）、（c）〕，其中以 H 型钢的截面分布最合理，翼缘内外边缘平行，与其他构件连接方便，应优先采用。

工字钢截面翼缘相对较窄，适合于在腹板平面内受弯的梁，但由于工字钢侧向刚度较小，往往由侧向整体稳定起控制作用。

槽钢截面因弯曲中心在腹板外侧，当荷载作用在翼缘上时，梁在弯曲的同时还受扭，故只在荷载作用线接近弯曲中心或能保证截面不产生扭转时才被采用。

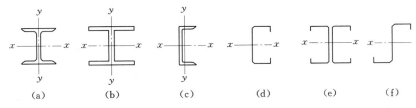

图 3-1 型钢梁的截面形式

由于轧制条件的限制，热轧型钢腹板的厚度较大，用钢量较多。因而对荷载和跨度较小的梁，为节约钢材可采用冷弯薄壁型钢［图 3-1（d）、（e）、（f）］，但这种钢因厚度较小，对防腐要求较高。

二、组合梁

组合梁常采用三块钢板焊接而成的工字形截面［图 3-2（a）、（b）］，由于其构造简单，加工方便，可根据所受荷载大小调整腹板和翼缘尺寸，故用钢量较省。

当荷载很大而高度受到限制或梁的抗扭刚度要求较高或承受双向较大弯矩作用时，可采用箱形截面［图 3-2（c）］，但制造费工，腹板内侧不易施焊，用钢量大。对承受动力荷载的梁，当焊接连接不能满足要求时，可采用高强螺栓或铆钉连接而成的工字形截面［图 3-2（d）］。

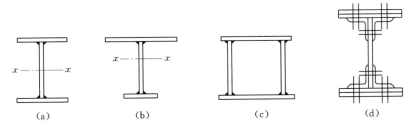

图 3-2 组合梁的截面形式

三、蜂窝梁

将工字钢或 H 型钢的腹板沿折线切割成两部分，然后错开，齿尖对齿尖焊接起来，就形成一个腹板有孔洞的工字形梁（图 3-3），这种梁称为蜂窝梁。与原工字钢或 H 型钢相比，蜂窝梁的承载力和刚度显著增大，自重减轻，便于布设管线。是一种较为合理的构件形式，在国内外得到了比较广泛的研究与应用。

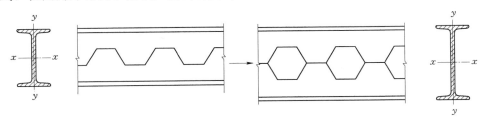

图 3-3 蜂窝梁

四、钢与混凝土组合梁

钢与混凝土组合梁（图 3-4）是在梁的受压区采用混凝土而其余部分采用钢材，充分发挥钢材的抗拉性能和混凝土的抗压性能。为保证两种材料共同受力，在钢梁顶面隔一定距离应焊接抗剪连接件。钢与混凝土组合梁与钢梁相比，节约钢材 20%～40%；与钢筋混凝土梁相比，节省混凝土和模板，减轻自重，便于施工，缩短工期，利于敷设管线。

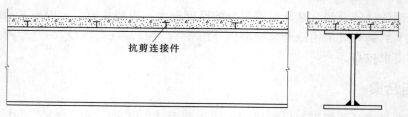

图 3-4 组合梁

根据具体情况的不同，钢梁可做成简支梁、连续梁、悬臂梁等。简支梁的用钢量较多，但由于制造、安装、修理、拆换方便，因而使用最广泛。

根据主梁与次梁的排列情况，梁格分为下列三种形式：

（1）单向梁格［图 3-5（a）］。只有主梁，适用于主梁跨度较小或面板长度较大的情况。

（2）双向梁格［图 3-5（b）］。在主梁间再设次梁，次梁由主梁支承，次梁上再支承面板，是最为广泛应用的梁格类型。

（3）复式梁格［图 3-5（c）］。在主梁间设纵向次梁，纵向次梁间再设横向次梁。荷载传递层次多，梁格构造复杂，只适用于主梁跨度和荷载均较大的情况。

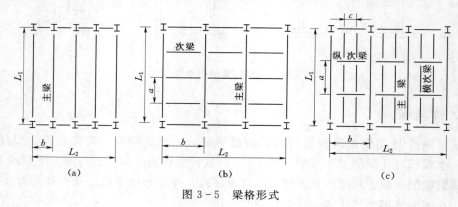

图 3-5 梁格形式

任务二 钢梁的强度和刚度

梁的设计应首先满足强度和刚度要求。

一、钢梁的强度

梁的强度计算要求钢梁在荷载作用下，其正应力、剪应力、局部承压应力以及折算应力等均不超过规定的强度设计值。

1. 梁的正应力

梁在弯矩作用下，其弯曲正应力 σ 与应变 ε 的关系与受拉时相似，一般假定钢材为理想的弹塑性材料。当弯矩逐渐增加时，截面中的应变始终符合平截面假定［图 3-6 (a)］，弯曲正应力的发展可分为三个阶段：

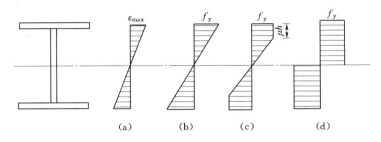

图 3-6 梁受弯时各阶段的弯曲应力

（1）弹性工作阶段。当弯矩较小时，边缘纤维的最大应变 $\varepsilon_{\max} \leqslant f_y/E$，梁的全截面处于弹性阶段，截面上的正应力为三角形直线分布。当边缘纤维的最大应力达到钢材的屈服强度 f_y 时，是梁弹性工作阶段的极限状态［图 3-6 (b)］，其弹性极限弯矩为：

$$M_e = f_y W_n \tag{3-1}$$

式中 W_n——净截面（弹性）抵抗矩，也称截面模量。

（2）弹塑性工作阶段。当弯矩继续增加，截面边缘部分呈现塑性，但中间部分仍处于弹性工作状态［图 3-6 (c)］。

（3）塑性工作阶段。当弯矩再继续增加，梁截面的塑性区不断向内发展，直至全截面都进入塑性状态，形成"塑性铰"［图 3-6 (d)］。此时，弯矩不再增加，而变形却继续发展，梁的承载力达到极限。其塑性极限弯矩为：

$$M_p = f_y W_{np} \tag{3-2}$$

式中 W_{np}——塑性净截面模量。

塑性弯矩 M_p 与弹性最大弯矩 M_e 的比值为：

$$\gamma_F = \frac{M_p}{M_e} = \frac{W_{np}}{W_n} \tag{3-3}$$

γ_F 为截面形状系数，它与截面的几何形状有关。对于矩形截面，$\gamma_F = 1.5$；对于圆形截面，$\gamma_F = 1.7$；对于圆管截面，$\gamma_F = 1.27$；对于工字形截面，x 轴 $\gamma_F = 1.10 \sim 1.17$，$y$ 轴 $\gamma_F = 1.5$。

在计算抗弯强度时，对承受静力荷载或间接承受动力荷载的钢梁，可考虑有限制地利用其塑性；上下两边塑性区的深度 μh［图 3-6 (c)］，一般控制在 $h/8 \sim h/4$，相应塑性区的发展截面用塑性发展系数 γ 来表示。

对工字形和箱形截面，当截面板件宽厚比等级为 S4 级或 S5 级时（表 3-1），截面塑性发展系数应取为 1.0，当截面板件宽厚比等级为 S1 级、S2 级及 S3 级时，截面塑性发展系数应按下列规定取值：

1) 工字形截面（x 轴为强轴，y 轴为弱轴）：$\gamma_x = 1.05$，$\gamma_y = 1.20$。

2）箱形截面：$\gamma_x = \gamma_y = 1.05$。

表 3-1   受弯和压弯构件的截面板件宽厚比等级及限值

构件	截面板件宽厚比等级		S1 级	S2 级	S3 级	S4 级	S5 级
压弯构件（框架柱）	H 形截面	翼缘 b/t	$9\varepsilon_k$	$11\varepsilon_k$	$13\varepsilon_k$	$15\varepsilon_k$	20
		腹板 h_0/t_w	$(33+13\alpha_0^{1.3})\varepsilon_k$	$(38+13\alpha_0^{1.39})\varepsilon_k$	$(40+18\alpha_0^{1.5})\varepsilon_k$	$(45+25\alpha_0^{1.66})\varepsilon_k$	250
	箱形截面	壁板（腹板）间翼缘 b_0/t	$30\varepsilon_k$	$35\varepsilon_k$	$40\varepsilon_k$	$45\varepsilon_k$	—
	圆钢管截面	径厚比 D/t	$50\varepsilon_k^2$	$70\varepsilon_k^2$	$90\varepsilon_k^2$	$100\varepsilon_k^2$	—
受弯构件（梁）	工字形截面	翼缘 b/t	$9\varepsilon_k$	$11\varepsilon_k$	$13\varepsilon_k$	$15\varepsilon_k$	20
		腹板 h_0/t_w	$65\varepsilon_k$	$72\varepsilon_k$	$93\varepsilon_k$	$124\varepsilon_k$	250
	箱形截面	壁板（腹板）间翼缘 b_0/t	$25\varepsilon_k$	$32\varepsilon_k$	$37\varepsilon_k$	$42\varepsilon_k$	

注　1. ε_k 为钢号修正系数，其值为 235 与钢材牌号中屈服点数值的比值的平方根。

　　2. b 为工字形、H 形截面的翼缘外伸宽度，t、h_0、t_w 分别是翼缘厚度、腹板净高和腹板厚度，对轧制型截面，腹板净高不包括翼缘腹板过渡处圆弧段；对于箱形截面，b_0、t 分别为壁板间的距离和壁板厚度；D 为圆管截面外径。

　　3. 箱形截面梁及单向受弯的箱形截面柱，其腹板限值可根据 H 形截面腹板采用。

　　4. 腹板的宽厚比可通过设置加劲肋减小。

　　5. 当按《建筑抗震设计规范》（GB 50011—2010）第 9.2.14 条第 2 款的规定设计，且 S5 级截面的板件宽厚比小于 S4 级经 ε_σ 修正的板件宽厚比时，可视作 C 类截面，ε_σ 为应力修正因子，$\varepsilon_\sigma = \sqrt{f_y/\sigma_{max}}$。

其他截面的塑性发展系数按表 3-2 采用。

对需要计算疲劳的梁，宜取 $\gamma_x = \gamma_y = 1.0$。

钢梁的抗弯强度计算公式如下：

单向弯曲：
$$\sigma = \frac{M_x}{\gamma_x W_{nx}} \leqslant f \tag{3-4}$$

双向弯曲：
$$\sigma = \frac{M_x}{\gamma_x W_{nx}} + \frac{M_y}{\gamma_y W_{ny}} \leqslant f \tag{3-5}$$

式中　M_x、M_y——绕 x 轴和 y 轴的弯矩设计值（对工字形截面，x 轴为强轴，y 轴为弱轴）；

　　　W_{nx}、W_{ny}——对 x 轴和 y 轴的净截面模量，当截面板件宽厚比等级为 S1 级、S2 级、S3 级或 S4 级时，应取全截面模量，当截面板件宽厚比等级为 S5 级时，应取有效截面模量，均匀受压翼缘有效外伸宽度与厚度的比值可取 $15\varepsilon_k$，腹板有效截面可按钢结构设计标准相关规定采用；

　　　γ_x、γ_y——截面塑性发展系数；

　　　f——钢材的抗弯强度设计值。

对水工钢闸门和拦污栅中的各种梁，仍采用容许应力法进行设计，对应于式（3-4）的验算公式（即单向弯曲时的公式）为：

单向弯曲时
$$\sigma = \frac{M_x}{W_{nx}} \leqslant [\sigma] \tag{3-6}$$

表 3-2　　　　　　　　　　　　　截面塑性发展系数 γ_x、γ_y 值

项次	截面形式	γ_x	γ_y	项次	截面形式	γ_x	γ_y
1	（截面图）		1.2	5	（截面图）	1.2	1.2
2	（截面图）	1.05	1.05	6	（截面图）	1.15	1.15
3	（截面图）	1.2	$\gamma_{x1}=1.05$ $\gamma_{x2}=1.2$	7	（截面图）	1.0	1.05
4	（截面图）	1.05		8	（截面图）	1.0	1.0

式（3-6）与式（3-4）的差别为：

（1）没有考虑截面塑性发展系数 γ_x。

（2）在计算弯矩时，不考虑荷载分项系数。

（3）以钢材的容许应力来取代强度设计值。

以下只列出一种计算方法的公式，以后凡遇到两种计算方法互换时，可参考式（3-6）和式（3-4）的差别进行变换。

当梁的抗弯强度不满足要求时，以增大梁高最为有效。

2. 剪应力

一般情况下，钢梁既承受弯矩 M，同时又承受剪力 V。剪应力的计算公式为：

$$\tau = \frac{VS}{Ib} \qquad (3-7)$$

式中　V——梁的剪力设计值；

　　　S——计算剪应力处以上（或以下）毛截面对中和轴的面积矩；

　　　I——梁的毛截面惯性矩；

　　　b——截面宽度。

工字形梁腹板上剪应力的分布如图 3-7 所示。截面上的最大剪应力发生在腹板中和轴处，

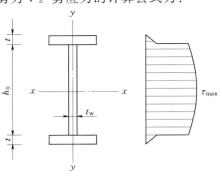

图 3-7　腹板的剪应力分布

因此，抗剪强度计算公式为：

$$\tau_{max} = \frac{VS}{It_w} \leqslant f_v \qquad (3-8)$$

式中　f_v——钢材的抗剪强度设计值，见附表1-1；

　　　　t_w——腹板厚度。

当梁不满足抗剪要求时，应增大腹板面积，而腹板高度 h_w 一般由梁的刚度条件和构造要求确定，故设计时常采用加大腹板厚度 t_w 的方法来增大梁的抗剪能力。

3. 局部承压应力

当梁上翼缘承受沿腹板平面作用的固定集中荷载（包括支座反力），且荷载处未设置支承加劲肋时［图3-8（a）］，或受有移动的集中荷载时［图3-8（b）］，应验算腹板计算高度上边缘的局部承压应力。

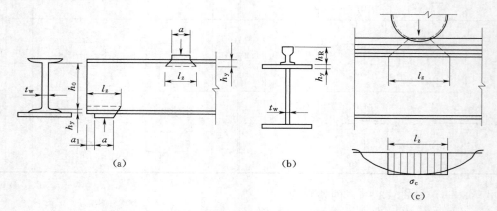

图3-8　局部压应力

在集中荷载作用下，腹板计算高度边缘的压应力分布如图3-8（c）所示。假定集中荷载均匀分布于腹板计算高度边缘。梁的局部承压应力可按式（3-9）计算：

$$\sigma_c = \frac{\psi F}{t_w l_z} \leqslant f \qquad (3-9)$$

式中　F——集中荷载，对动力荷载应考虑动力系数；

　　　　ψ——集中荷载增大系数，对重级工作制吊车轮压，$\psi = 1.35$；对其他荷载，$\psi = 1.0$；

　　　　l_z——集中荷载在腹板计算高度边缘的假定分布长度，宜按 $l_z = 3.25\sqrt[3]{(I_R + I_f)/t_w}$ 计算，也可采用简化式 $l_z = a + 5h_y + 2h_R$ 计算，I_R 轨道绕自身形心轴的惯性矩，I_f 为梁上翼缘绕翼缘中面的惯性矩；

　　　　a——集中荷载沿梁跨度方向的支承长度，对钢轨上的轮可取50mm；

　　　　h_y——自梁顶面至腹板计算高度上边缘的距离；对焊接梁为上翼缘厚度，对轧制工字形截面梁，是梁顶面到腹板过渡完成点的距离；

　　　　h_R——轨道的高度，对梁顶无轨道的梁，$h_R = 0$；

　　　　f——钢材的抗压强度设计值。

当计算结果不满足要求时，在固定集中荷载处（包括支座处），应用支承加劲肋对腹板加强（图 3-9），并对支承加劲肋进行计算；对移动集中荷载应加大腹板厚度。

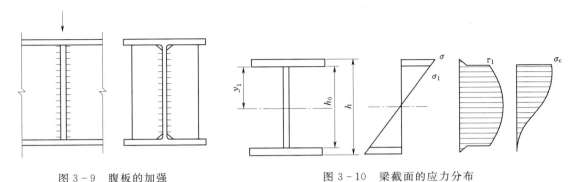

图 3-9　腹板的加强　　　　　　图 3-10　梁截面的应力分布

4. 折算应力

在梁的腹板计算高度边缘处，若同时承受较大的正应力 σ_1、剪应力 τ_1 和局部压应力 σ_c 时，或同时受有较大的正应力 σ 和剪应力 τ 时（图 3-10），其折算应力应按下列公式计算：

$$\sqrt{\sigma^2 + \sigma_c^2 - \sigma\sigma_c + 3\tau^2} \leqslant \beta_1 f \qquad (3-10)$$

$$\sigma = \frac{M y_1}{I_n} \qquad (3-11)$$

$$\tau = \frac{V S_1}{I t_w} \qquad (3-12)$$

式中　σ、τ、σ_c——腹板计算高度边缘同一点上同时产生的正应力、剪应力和局部压应力，σ 和 σ_c 以拉应力为正值，压应力为负值；

　　　I_n——梁的净截面惯性矩；

　　　y_1——计算点到梁中和轴的距离；

　　　S_1——受压翼缘毛截面对中和轴的面积矩；

　　　β_1——验算折算应力的强度增大系数，当 σ 与 σ_c 异号时，取 $\beta_1 = 1.2$；当 σ 与 σ_c 同号或 $\sigma_c = 0$ 时，取 $\beta_1 = 1.1$。

二、钢梁的刚度

结构或构件变形的容许值宜符合表 3-3 的规定。

梁的刚度用正常使用荷载标准值下的最大挠度 v 来衡量，要求不超过《钢结构设计标准》（GB 50017—2017）规定的挠度容许值 $[v_T]$ 或 $[v_Q]$，以保证梁的正常使用，即

$$v \leqslant [v_T] \text{ 或 } v \leqslant [v_Q] \qquad (3-13)$$

式中　　　　v——由荷载标准值产生的最大挠度；

　$[v_T]$ 或 $[v_Q]$——挠度容许值，按表 3-3 采用。

梁的挠度可按弹性公式计算，例如简支梁承受均布荷载 q_k 时为：

$$v = \frac{5}{384} \frac{q_k l^4}{EI} = \frac{5}{48} \frac{M_k l^2}{EI} \leqslant [v_T] \qquad (3-14a)$$

表 3 - 3   **钢 梁 的 挠 度 容 许 值**

项次	构 件 类 别	挠度容许值	
		$[\upsilon_T]$	$[\upsilon_Q]$
1	吊车梁和吊车桁架（按自重和起重量最大的一台吊车计算挠度）		
	1）手动起重机和单梁起重机（含悬挂吊车）	$l/500$	—
	2）轻级工作制桥式起重机	$l/750$	—
	3）中级工作制桥式起重机	$l/900$	—
	4）重级工作制桥式起重机	$l/1000$	—
2	手动或电动葫芦的轨道梁	$l/400$	—
3	有重轨（重量不小于 38kg/m）轨道的工作平台梁	$l/600$	—
	有轻轨（重量不大于 24kg/m）轨道的工作平台梁	$l/400$	—
4	楼（屋）盖梁或桁架、工作平台梁（第 3 项除外）和平台板		
	1）主梁或桁架（包括设有悬挂起重设备的梁和桁架）	$l/400$	$l/500$
	2）仅支承压型金属板屋面和冷弯型钢檩条	$l/180$	—
	3）除支承压型金属板屋面和冷弯型钢檩条外，尚有吊顶	$l/240$	—
	4）抹灰顶棚的次梁	$l/250$	$l/350$
	5）除第 1）款至第 4）款外的其他梁（包括楼梯梁）	$l/250$	$l/300$
	6）屋盖檩条		
	支承压型金属板屋面者	$l/150$	—
	支承其他屋面材料者	$l/200$	—
	有吊顶	$l/240$	—
	7）平台板	$l/150$	—
5	墙架构件（风荷载不考虑阵风系数）	—	
	1）支柱	—	$l/400$
	2）抗风桁架（作为连续支柱的支承时，水平位移）	—	$l/1000$
	3）砌体墙的横梁（水平方向）	—	$l/300$
	4）支承压型金属板的横梁（水平方向）	—	$l/100$
	5）支承其他墙面材料的横梁（水平方向）	—	$l/200$
	6）带有玻璃窗的横梁（竖直和水平方向）	$l/200$	$l/200$

注 1. l 为受弯构件的跨度（对悬臂梁和伸臂梁为悬臂长度的 2 倍）。

2. $[\upsilon_T]$ 为永久和可变荷载标准值产生的挠度（如有起拱应减去拱度）的容许值；$[\upsilon_Q]$ 为可变荷载标准值产生的挠度的容许值。

3. 当吊车梁或吊车桁架跨度大于 12m 时，其挠度容许值 $[\upsilon_T]$ 应乘以 0.9 的系数。

4. 当墙面采用延性材料或与结构采用柔性连接时，墙架构件的支柱水平位移容许值可采用 $l/300$，抗风桁架（作为连续支柱的支承时）水平位移容许值可采用 $l/800$。

简支梁跨中承受集中荷载 F_k 时为：

$$\upsilon = \frac{1}{48}\frac{F_k l^3}{EI_x} = \frac{1}{12}\frac{M_k l^2}{EI_x} \leqslant [\upsilon_T] \tag{3-14b}$$

钢闸门的挠度容许值：潜孔式工作闸门和事故闸门的主梁为 $l/750$，露顶式工作闸门

和事故闸门的主梁 $l/600$，检修闸门和拦污栅的主梁为 $l/500$，次梁为 $l/250$。

【**案例 3 - 1**】　某钢梁跨度为 6m 的简支梁（图 3 - 11），跨中承受集中荷载 F 作用，此静力荷载标准值为：永久荷载 12kN，可变荷载 50kN，挠度容许值 $[\upsilon_T]=l/250$，采用工字钢梁 I32a，钢材为 Q235。验算梁的强度和刚度。

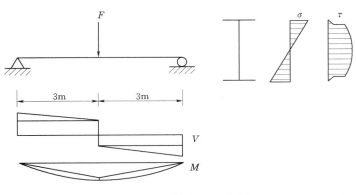

图 3 - 11　[案例 3 - 1] 图

解：

查附表 1 - 1、附表 5 - 1 得：$f=215\text{N/mm}^2$，$f_v=125\text{N/mm}^2$，工字钢 I32a：$W_x=692\text{cm}^3$，$I_x=11080\text{cm}^4$，$I_x/S_x=277\text{mm}$，$t_w=9.5\text{mm}$，$t=15\text{mm}$，$R=11.5\text{mm}$，自重标准值 $g_k=517\text{N/m}=0.517\text{kN/m}$。

集中荷载标准值：$\qquad F_k=12+50=62(\text{kN})$

集中荷载设计值：$\qquad F=1.2\times12+1.4\times50=84.4(\text{kN})$

1. 内力计算

跨中最大弯矩：

$$M_x=\frac{1}{4}Fl+\frac{1}{8}gl^2=\frac{1}{4}\times84.4\times6+\frac{1}{8}\times1.2\times0.517\times6^2=129.4(\text{kN}\cdot\text{m})$$

支座处剪力：$\qquad V=\frac{F}{2}+\frac{gl}{2}=\frac{84.4}{2}+\frac{1.2\times0.517\times6}{2}=44.1(\text{kN})$

跨中截面剪力：$\qquad V_1=\frac{F}{2}=\frac{84.4}{2}=42.2(\text{kN})$

2. 强度计算

跨中截面正应力：

$$\sigma=\frac{M_x}{\gamma_x W_x}=\frac{129.4\times10^6}{1.05\times692\times10^3}=178.1(\text{N/mm}^2)<f=215(\text{N/mm}^2)$$

支座截面剪应力：

$$\tau=\frac{VS_x}{I_x t_w}=\frac{44.1\times10^3}{277\times9.5}=16.8(\text{N/mm}^2)<f_v=125(\text{N/mm}^2)$$

折算应力：

$$h_0=h-2(t+R)=320-2\times(15+11.5)=267(\text{mm})$$

$$\sigma_1=\frac{h_0}{h}\sigma=\frac{267}{320}\times178.1=148.6(\text{N/mm}^2)$$

$$l_z = a + 5h_y + 2h_R = 50 + 5 \times (15 + 11.5) + 0 = 182.5(\text{mm})$$

$$\sigma_c = \frac{\phi F}{l_z t_w} = \frac{1 \times 84.4 \times 10^3}{182.5 \times 9.5} = 48.7(\text{N/mm}^2)$$

翼缘中心到中和轴的距离：

$$\frac{h}{2} - \frac{t}{2} = \frac{320}{2} - \frac{15}{2} = 152.5(\text{mm})$$

$$\tau_1 = \frac{V_1 S_1}{I_x t_w} = \frac{42.2 \times 10^3 \times 15 \times 130 \times 152.5}{11080 \times 10^4 \times 9.5} = 11.9(\text{N/mm}^2)$$

$$\sqrt{\sigma_1^2 + \sigma_c^2 - \sigma_1 \sigma_c + 3\tau_1^2} = \sqrt{148.6^2 + 48.7^2 - 148.6 \times 48.7 + 3 \times 11.9^2}$$
$$= 132.8(\text{N/mm}^2) < 1.1 \times 215 = 236.5(\text{N/mm}^2)$$

3. 刚度验算

$$\upsilon = \frac{F_k l^3}{48 E I_x} + \frac{5 g_k l^4}{384 E I_x}$$

$$= \frac{62 \times 10^3 \times 6000^3}{48 \times 206 \times 10^3 \times 11080 \times 10^4} + \frac{5 \times 0.52 \times 6000^4}{384 \times 206 \times 10^3 \times 11080 \times 10^4}$$

$$= 12(\text{mm}) < [\upsilon_T] = \frac{l}{250} = \frac{6000}{250} = 24(\text{mm})$$

强度和刚度均满足要求。

任务三　钢梁的整体稳定

一、整体稳定的概念

当弯矩增加到某一数值后，使梁受压翼缘的最大弯曲应力达到某一数值时，梁在很小侧向干扰力作用下，会突然向刚度较小的侧向发生较大的侧向弯曲和扭转而破坏（图3-12），这种现象称为钢梁的侧向弯曲或整体失稳。能保持整体稳定的最大荷载称为临界荷载，最大弯矩称为临界弯矩 M_{cr}，最大弯曲压应力称为临界应力 σ_{cr}。

梁的整体失稳是突然发生的，且在强度未充分发挥之前，故必须予以特别注意。

二、梁整体稳定的几点结论

图3-13所示的两端铰支双轴对称工字形截面梁，在刚度较大的 yoz 平面内，梁两端承受相等的弯矩作用。假定梁为无初弯曲

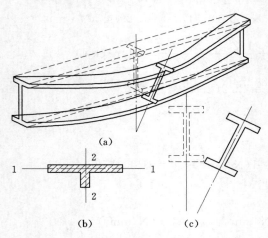

图3-12　钢梁的整体失稳

的匀质弹性材料，不考虑残余应力的影响，可得出以下结论：

（1）梁的侧向抗弯刚度 EI_y、抗扭刚度 EI_t 越大，临界弯矩 M_{cr} 越大。

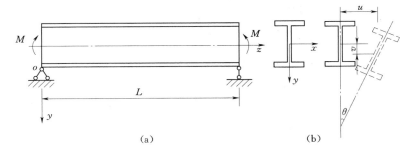

图 3－13　梁单向弯曲时弯扭变形

（2）受压翼缘的自由长度 l_1 越小，临界弯矩 M_{cr} 越大。

（3）各种荷载作用下，以纯弯时的临界弯矩 M_{cr} 最小。

（4）荷载作用于下翼缘比作用于上翼缘的临界弯矩 M_{cr} 大。

（5）梁的支承约束程度越大，临界弯矩 M_{cr} 越大。

三、梁整体稳定的计算方法

1. 不须计算整体稳定的梁

当符合下列情况之一时，钢梁的整体稳定性有保证，可不必计算：

（1）有铺板（各种钢筋混凝土板和钢板）密铺在梁的受压翼缘上并与其牢固连接时、能阻止梁受压翼缘的侧向位移时。

（2）当箱形截面简支梁截面尺寸（图 3－14）满足 $h/b_0 <$ 6，$l_1/b_0 \leqslant 95\varepsilon_k^2$ 时，l_1 为受压翼缘侧向支撑点间的距离（梁的支座处视为有侧向支撑）。

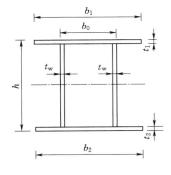

图 3－14　箱形截面

2. 梁整体稳定的计算公式

当不满足上述条件时，应对钢梁进行整体稳定计算。即使梁承受的弯矩 M 不超过临界弯矩 M_{cr} 除以抗力分项系数 γ_R：

$$M \leqslant \frac{M_{cr}}{\gamma_R} \tag{3-15}$$

写成应力的形式为：

$$\sigma = \frac{M}{W} \leqslant \frac{M_{cr}}{W}\frac{1}{\gamma_R} = \frac{\sigma_{cr}}{\gamma_R} = \frac{\sigma_{cr}}{f_y}\frac{f_y}{\gamma_R} = \varphi_b f \tag{3-16}$$

式中　φ_b——梁的整体稳定系数。

《钢结构设计标准》（GB 50017—2017）采用的形式为：

（1）单向受弯的梁：

$$\frac{M_x}{\varphi_b W_x f} \leqslant 1.0 \tag{3-17}$$

（2）双向受弯的工字形截面梁：

$$\frac{M_x}{\varphi_b W_x f} + \frac{M_y}{\gamma_y' W_y f} \leqslant 1.0 \tag{3-18}$$

式中 M_x——绕强轴（x 轴）作用的最大弯矩设计值；

      M_y——绕弱轴（y 轴）作用的最大弯矩设计值；

      W_x——按受压纤维确定的梁毛截面模量，当截面板件宽厚比等级为 S1 级、S2 级、S3 级或 S4 级时，应取全截面模量，当截面板件宽厚比等级为 S5 级，应取有效截面模量，均匀受压翼缘有效外伸宽度与厚度的比值可取 $15\varepsilon_k$；

      W_y——按受压纤维确定的对 y 轴毛截面模量；

      φ_b——梁的整体稳定系数，按附录三计算。

四、整体稳定系数

焊接工字形等截面梁 φ_b 的简化公式为：

$$\varphi_b = \beta_b \frac{4320Ah}{\lambda_y^2 W_x}\left[\sqrt{1+\left(\frac{\lambda_y t_1}{4.4h}\right)^2}+\eta_b\right]\varepsilon_k \tag{3-19}$$

式中 W_x——按受压纤维确定的梁毛截面模量；

      λ_y——梁在侧向支承点间对截面弱轴（y 轴）的长细比，$\lambda_y = l_1/i_y$；

      i_y——梁毛截面对 y 轴的截面回转半径，$i_y = \sqrt{I_y/A}$；

      β_b——梁整体稳定的等效弯矩系数，应按附表 3-1 采用；

      A——梁的毛截面积；

  h、t_1——梁截面的全高和受压翼缘厚度，等截面铆接（或高强螺栓连接）简支梁，其受压翼缘厚度 t_1 包括翼缘角钢厚度在内。

      η_b——截面不对称影响系数，详见附录三。

当按式（3-19）计算的 φ_b 值大于 0.6 时，应按下式计算的 φ_b' 代替 φ_b 值：

$$\varphi_b' = 1.07 - 0.282/\varphi_b \leqslant 1.0 \tag{3-20}$$

轧制普通工字钢简支梁的整体稳定系数按附表 3-2 取用。

当梁的整体稳定不满足要求时，可采用加大梁的截面尺寸或增加侧向支承等措施来解决。

无论是否需要计算梁的整体稳定性，梁的支座处均应采取构造措施，以阻止其截面发生扭转。

任务四 型钢梁设计

型钢梁的设计包括截面选择和截面验算，型钢梁的设计一般应满足强度、刚度和整体稳定的要求。型钢梁腹板和翼缘的宽厚比较小，局部稳定常可得到保证，不需要验算。型钢梁的设计一般按下列步骤进行。

1. 计算内力

根据梁的跨度、荷载和支承情况，计算最大弯矩 M_{max} 和最大剪力 V_{max}。

2. 初选截面

按抗弯强度或整体稳定计算所需的型钢净截面模量:

$$W_x = \frac{M_{\max}}{\gamma_x f} \text{ 或 } W_x = \frac{M_{\max}}{\varphi_b f}$$

式中的整体稳定系数 φ_b 需预先假定。当弯矩最大截面有孔洞(如螺栓孔)时,应将计算的截面模量增大 $10\%\sim15\%$,然后查表选择型钢。

3. 截面验算

按所选择的型钢,考虑其自重影响后,验算钢梁的强度、刚度及整体稳定性。

(1) 强度验算。抗弯强度、抗剪强度、局部承压强度可分别按式(3-4)、式(3-8)和式(3-9)验算。在剪力最大处的截面,若无太大的孔洞削弱,抗剪强度可不验算;而局部压应力也只在有较大集中荷载或支座反力处才验算;折算应力也可不验算。

(2) 整体稳定性验算。当不能满足不必计算梁整体稳定的条件时,应按式(3-17)验算梁的整体稳定性。

(3) 挠度验算。按荷载标准值计算梁的挠度,并应满足式(3-13)的要求。

【案例 3-2】　某工作台的梁格布置如图 3-15 所示。平台上作用有静荷载:永久荷载标准值 4kN/m^2,可变荷载标准值 5.5kN/m^2,采用 Q235 钢,挠度容许值 $[\upsilon_T] = l/250$。假定平台为刚性铺板并与次梁焊接,试选择中间次梁的截面。

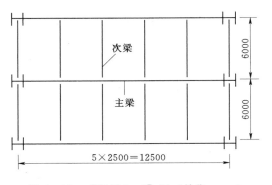

图 3-15　[案例 3-2]图(单位:mm)

解:

(1) 作用在中间次梁上的荷载设计值:

$$q = (1.2 \times 4 + 1.4 \times 5.5) \times 2.5 = 31.3(\text{kN/m})$$

跨中截面最大弯矩设计值:

$$M_x = \frac{ql^2}{8} = 31.3 \times \frac{6^2}{8} = 140.9(\text{kN} \cdot \text{m})$$

支座截面最大剪力:

$$V = \frac{ql}{2} = 31.3 \times \frac{6}{2} = 93.9(\text{kN})$$

(2) 需要的净截面模量:

$$W_{nx} = \frac{M_x}{\gamma_x f} = \frac{140.9 \times 10^6}{1.05 \times 215} = 624142(\text{mm}^3)$$

采用工字钢,查附表 5-1,选工字钢 I32a,$W_x = 6.92 \times 10^5 \text{mm}^3$,$I_x = 11080 \times 10^4 \text{mm}^4$,自重标准值 $g_k = 52.7 \times 9.8 = 516.5(\text{N/m}) \approx 0.52\text{kN/m}$,$\frac{I_x}{S_x} = 277\text{mm}$,$t_w = 9.5\text{mm}$。

(3) 截面验算。考虑梁自重后的最大弯矩设计值:

1) 强度验算。

考虑梁自重后的最大弯矩设计值：

$$M_{max}=140.9+1.2\times0.52\times6^2/8=143.7(kN\cdot m)$$

考虑梁自重后的最大剪力设计值：

$$V_{max}=93.9+1.2\times0.52\times6/2=95.77(kN)$$

弯曲正应力：

$$\sigma=\frac{M_{max}}{\gamma_x W_x}=\frac{143.7\times10^6}{1.05\times6.92\times10^5}=197.8(N/mm^2)<f=215(N/mm^2)$$

剪应力：

$$\tau=\frac{VS}{I_x t_w}=\frac{\left(93.9+\frac{1}{2}\times1.2\times0.52\times6\right)\times10^3}{277\times9.5}=36.4(N/mm^2)<f_v=125(N/mm^2)$$

可见型钢梁的腹板较厚，剪应力一般不起控制作用。

2) 挠度验算。考虑梁自重后的线荷载标准值为：

$$q_k=(4+5.5)\times2.5+0.52=24.27(kN/m)$$

$$\upsilon=\frac{5}{384}\frac{q_k l^4}{EI_x}=\frac{5}{384}\times\frac{24.27\times6000^4}{2.06\times10^5\times11080\times10^4}=18(mm)$$

$$<[\upsilon_T]=\frac{l}{250}=\frac{6000}{250}=24mm$$

满足刚度要求。

若次梁放在主梁顶面，且次梁在支座处设支承加劲肋，则局部承压应力可不验算。

符合整体稳定要求，不需要进行整体稳定验算。

【案例 3-3】 一跨度为 6m 的简支梁，承受均布荷载，其中永久荷载标准值为 10kN/m，活荷载标准值为 15kN/m，采用 Q345 钢，挠度容许值 $[\upsilon_T]=l/250$。试选择普通工字钢截面。

解：

(1) 作用在梁上的荷载设计值：

$$q=1.2\times10+1.4\times15=33.0(kN/m)$$

跨中截面最大弯矩设计值：

$$M_x=\frac{ql^2}{8}=33.0\times\frac{6^2}{8}=148.5(kN\cdot m)$$

支座截面最大剪力：

$$V=\frac{ql}{2}=33.0\times\frac{6}{2}=99.0(kN)$$

(2) 需要的净截面模量：

$$W_{nx}=\frac{M_x}{\gamma_x f}=\frac{148.5\times10^6}{1.05\times305}=4637000(mm^3)$$

采用工字钢，查附表 5-1，选工字钢 I40a，$W_x=1086\times10^3 mm^3$，$I_x=21714\times10^4 mm^4$，自重标准值 $g_k=67.6\times9.8=662(N/m)\approx0.66(kN/m)$，$I_x/S_x=344mm$，$t_w=10.5mm$，$t=16.5mm$。

(3) 截面验算。

1）强度验算。

考虑梁自重后的最大弯矩设计值：

$$M_{max} = 148.5 + 1.2 \times 0.66 \times \frac{6^2}{8} = 152.1 (kN \cdot m)$$

考虑梁自重后的支座截面最大剪力：

$$V = 99.0 + 1.2 \times 0.66 \times \frac{6}{2} = 101.4 (kN)$$

弯曲正应力：

$$\sigma = \frac{M_{max}}{\gamma_x W_x} = \frac{152.1 \times 10^6}{1.05 \times 1086 \times 10^3} = 133.4 (N/mm^2) < f = 295 (N/mm^2)$$

剪应力：

$$\tau = \frac{VS}{I_x t_w} = \frac{101.4 \times 10^3}{344 \times 10.5} = 28.1 (N/mm^2) < f_v = 170 (N/mm^2)$$

可见型钢梁的腹板较厚，剪应力一般不起控制作用。梁的支座处设支承加劲肋，则局部承压应力可不验算。

2）挠度验算。考虑梁自重后的线荷载标准值为：

$$p_k = 10 + 15 + 0.66 = 25.66 (kN/m)$$

$$v = \frac{5 p_k l^4}{384 E I_x} = \frac{5}{384} \times \frac{25.66 \times 6000^4}{2.06 \times 10^5 \times 21714 \times 10^4} = 9.7 (mm) < [v_T] = \frac{l}{250} = \frac{6000}{250} = 24 (mm)$$

满足刚度要求。

3）整体稳定验算。

由该轧制工字钢截面梁跨度 $l = 6m$、上翼缘承受均布荷载，查附表 3-2 得 $\varphi_b = 0.60$。

$$\frac{M_x}{\varphi_b W_x f} = \frac{152.1 \times 10^6}{0.57 \times 1086 \times 10^3 \times 295} = 0.83 < 1.0$$

满足整体稳定性要求。

任务五　焊接组合梁

一、截面选择

焊接组合梁的截面选择首先要估算梁的截面高度、腹板的厚度和翼缘尺寸（图 3-16），然后进行验算。

（一）截面高度 h 和腹板高度 h_0

梁的截面高度 h 应考虑最大梁高、最小梁高和经济梁高三方面的要求。

1. 最大梁高 h_{max}

最大梁高是指按建筑物净空要求所容许采用的梁截面高度的最大尺寸。房屋结构中的建筑高度决定了梁的最大高度 h_{max}；对水工钢闸门来说，一般不受净空限制，可不予考虑。

2. 最小梁高 h_{min}

最小梁高是指在正常使用时，梁的挠度不超过容许挠度的最小梁高 h_{min}，即组合梁在

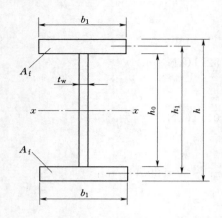

图 3-16 组合梁截面

充分利用钢材强度的条件下，又刚好满足其刚度要求。

承受均布荷载双轴对称截面的单向受弯简支梁的最小梁高为：

$$h_{min} \geqslant \frac{5}{1.3 \times 24E} \frac{fl^2}{[v]} \qquad (3-21)$$

对采用容许应力法设计的水工钢结构，相应的最小梁高计算式为：

$$h_{min} \geqslant \frac{5[\sigma]l^2}{24E[v]} \qquad (3-22)$$

根据式（3-21）和式（3-22）可求得对应于不同钢材时的最小梁高（取 $E=2.06 \times 10^5 \text{N/mm}^2$），列于表 3-4 供设计参考。

表 3-4　　　　　　　　　　均布荷载作用下简支梁的最小梁高

	$[v]$	1/750	1/600	1/500	1/400	1/250
Q235 钢	$f=215\text{N/mm}^2$	1/8.0	1/10.0	1/12.0	1/15.0	1/24.0
	$[\sigma]=160\text{N/mm}^2$	1/8.2	1/10.3	1/12.4	1/15.5	1/24.7
Q345 钢	$f=300\text{N/mm}^2$	1/5.7	1/7.1	1/8.6	1/10.7	1/17.1
	$[\sigma]=225\text{N/mm}^2$	1/5.9	1/7.3	1/8.8	1/10.9	1/17.6
Q390 钢	$f=350\text{N/mm}^2$	1/4.9	1/6.1	1/7.3	1/9.2	1/14.7
Q420 钢	$f=380\text{N/mm}^2$	1/4.5	1/5.6	1/6.8	1/8.5	1/13.5

当梁的上下翼缘不对称时，其最小梁高值约为对称截面时最小梁高 0.83～0.96 倍。

对于承受其他荷载和非简支的梁，也可按上述类似方法求得最小梁高。

3. 经济梁高 h_e

满足设计要求时用钢量最少的梁高，称为经济梁高，用 h_e 表示。

双轴对称工字形截面用钢量最小的经济梁高为：

$$h_e \approx h_0 = (16.8W_x)^{0.4} = 3.1W_x^{0.4} \qquad (3-23)$$

对于变翼缘梁，考虑到翼缘宽度减小使用钢量减少，将翼缘面积乘以 0.8 的构造系数，得经济梁高为：

$$h_e = 2.8W_x^{0.4} \qquad (3-24)$$

式中，W_x 的单位为 cm^3，h_e（h_0）的单位为 cm。W_x 可按抗弯强度条件求得：

$$W_x = \frac{M_x}{\alpha f} \qquad (3-25)$$

式中，α 为系数，对一般单向弯曲梁，当最大弯矩处无孔洞削弱时，$\alpha = \gamma_x = 1.05$；有孔洞时，$\alpha = 0.8 \sim 0.9$。

实际采用的梁高应大于由刚度条件确定的最小梁高 h_{min}，略小于经济梁高 h_e。此外，梁的高度不能大于最大梁高 h_{max}。

4. 腹板高度 h_0 的确定

腹板高度 h_0 与梁高 h 相差不大，按上述要求，选用符合钢板宽度规格的整数作为腹板高度。钢板宽度的级差通常为 50mm。

(二) 腹板厚度 t_w

梁的腹板选得薄些比较经济，但应满足抗剪强度要求，同时还应考虑局部稳定、防锈以及钢板的规格等。

考虑抗剪强度要求，可近似假定最大剪应力为腹板平均剪应力的 1.2 倍，则腹板抗剪强度计算公式简化为：

$$\tau_{max} = 1.2 \frac{V_{max}}{h_0 t_w} \leqslant f_v$$

于是

$$t_w \geqslant 1.2 \frac{V_{max}}{h_0 f_v} \tag{3-26}$$

考虑局部稳定和构造等因素，腹板厚度可按经验式（3-27）估计：

$$t_w = \frac{\sqrt{h_0}}{11} \tag{3-27}$$

式中，t_w、h_0 的单位均以 cm 计。实际采用的腹板厚度还应考虑钢板规格，一般为 2mm 的倍数。腹板厚度一般取 8～22mm。

(三) 翼缘尺寸 b_1 和 t_1

组合梁的翼缘尺寸主要决定于弯曲应力条件，同时还应考虑整体稳定、局部稳定和有关的构造要求。

根据所需截面抵抗矩和腹板尺寸，求出需要的单个翼缘的截面面积 A_f（$A_f = W_x/h_0 - t_w h_0/6$）。

翼缘板的宽度通常为 $b_1 = (1/5 \sim 1/3)h$，且不超过 $h/2.5$，厚度 $t_1 = A_f/b_1$。考虑到翼缘板局部稳定的要求，使受压翼缘的外伸宽度与其厚度之比 $b/t_1 \leqslant 15\varepsilon_k$（弹性设计，取 $\gamma_x = 1.0$）。同时考虑制造和构造要求，翼缘板最小宽度：一般梁 $b_1 \geqslant 180mm$，吊车梁 $b_1 \geqslant 300mm$。

选择翼缘尺寸，同样应符合钢板规格，宽度取 10mm 的倍数，厚度取 2mm 的倍数。翼缘板厚度也不宜太厚，对 Q235 钢不宜大于 40mm，对 Q345 钢不宜大于 25mm，以免翼缘焊缝产生过大的焊接应力，同时厚板的轧制质量较差。

二、截面验算

根据初选的截面尺寸，计算截面的几何特性，然后进行强度、刚度和整体稳定验算。其方法步骤与型钢梁类似，可按有关公式计算。腹板的局部稳定通常采用配置加劲肋来保证。

三、组合梁截面沿跨度的改变

梁所受弯矩通常沿跨度是变化的，可考虑在弯矩较小处减小梁的截面，以节约钢材和减轻结构自重。当跨度较小时，一般不必改变截面。当跨度较大时，可根据具体情况，沿跨度改变梁的翼缘尺寸或梁高。

1. 翼缘的改变

单层翼缘板的焊接组合梁，宜改变翼缘板的宽度，而不改变翼缘板的厚度。翼缘板宽度改变可采用分段改变［图 3 - 17（a）］和连续改变［图 3 - 17（b）］。

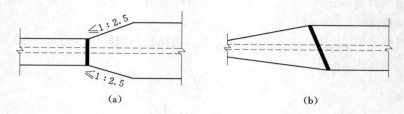

(a)   (b)

图 3 - 17　焊接梁的翼缘改变

为减小拼接处的应力集中，应将较宽的翼缘板从改变点起以小于 1∶2.5 的坡度逐渐与较小的翼缘板相连，对焊接缝一般采用直焊缝［图 3 - 17（a）］，当对接焊缝的设计强度比钢材的设计强度小时可采用斜焊缝［图 3 - 17（b）］。

对于承受均布荷载或多个集中荷载作用的简支梁，截面改变位置一般在距支座 $l/6$ 处（图 3 - 17）比较经济。

对多层翼缘板的梁，可用切断外层翼缘板的办法来改变梁的截面。

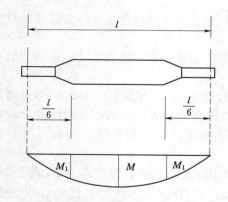

图 3 - 18　焊接组合梁的截面改变位置

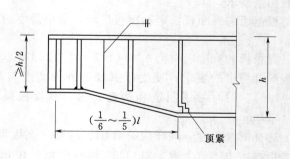

图 3 - 19　变高度梁

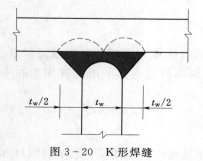

图 3 - 20　K 形焊缝

2. 梁高的改变

有时为了降低梁的高度，将简支梁在靠近支座处的高度减小，而使翼缘截面保持不变（图 3 - 19）。特别对水工钢闸门的主梁采用变高度的截面可减小支承处的门槽宽度，梁高改变位置一般取在离支座处 $l/6 \sim l/4$ 处，改变后的梁高应根据抗剪强度要求确定，但不宜小于跨中截面高度的一半。

四、焊接组合梁翼缘焊缝的计算

在焊接组合梁中，翼缘与腹板的连接采用连续的角焊缝或 K 形焊缝（图 3 - 20）。

当梁弯曲时，由于相邻截面中作用在翼缘上的弯曲应力有差值，在翼缘与腹板之间将产生水平剪应力（图 3 - 21）。作用在梁单位长度上的水平剪力为：

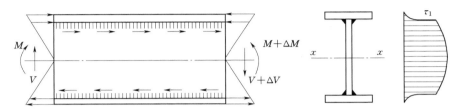

图 3 - 21　翼缘焊缝的水平剪力

$$\nu_h = \tau_1 t_w = \frac{V S_1}{I_x t_w} t_w = \frac{V S_1}{I_x} \qquad (3 - 28)$$

式中　S_1——翼缘对梁中和轴的面积矩。

当腹板与翼缘之间用角焊缝连接时，则两条角焊缝的有效焊脚尺寸 h_e 应满足：

$$h_e \geqslant \frac{V S_1}{2 I_x f_f^w} \qquad (3 - 29)$$

当梁的上翼缘承受移动集中荷载（如吊车轮压），或作用有固定集中荷载而未设置支承加劲肋时，翼缘与腹板之间的连接角焊缝不仅承受沿焊缝长度方向的水平剪力 ν_h，还承受由竖向局部压应力引起的竖向剪应力 τ_v。沿梁单位长度的竖向剪应力为：

$$\tau_v = \sigma_c t_w = \frac{\psi F}{l_z} \qquad (3 - 30)$$

式中符号意义同前。

因此，受有局部压应力的上翼缘与腹板之间的角焊缝连接应满足：

$$\sqrt{\left(\frac{\tau_v}{\beta_f}\right)^2 + \nu_h^2} \leqslant 2 h_e f_f^w$$

从而

$$h_e \geqslant \frac{1}{2 f_f^w} \sqrt{\left(\frac{\psi F}{\beta_f l_z}\right)^2 + \left(\frac{V S_1}{I_x}\right)^2} \qquad (3 - 31)$$

若翼缘与腹板采用 K 形焊缝连接（图 3 - 20），可认为焊缝与主体金属等强而不必进行计算。

任务六　钢梁的局部稳定

在进行梁的截面设计时，为提高梁的抗弯强度和刚度，组合梁的腹板宜选用高而薄的钢板；为提高梁的整体稳定性，翼缘应宽薄一些。但是，当钢梁翼缘的宽厚比或腹板的高厚比过大时，可能在弯曲压应力、剪应力和局部压应力作用下，出现偏离其正常位置而在侧向形成波状屈曲（图 3 - 22），称为梁的局部失稳。

热轧型钢板件的宽厚比较小，均能满足局部稳定要求，不需验算其局部稳定性。

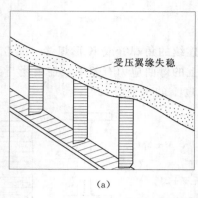 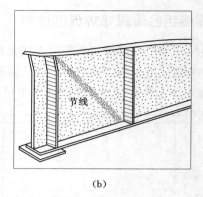

(a)   (b)

图 3-22　组合梁的局部失稳

腹板或翼缘局部失稳后，截面中的内力可能进行重新分配，使梁不会立即失去承载能力。当板的局部屈曲部位退出工作后，将使梁的刚度减小，强度和整体稳定性降低。

一、梁受压翼缘的局部稳定和宽厚比限值

为使翼缘在强度破坏之前不发生局部失稳，工字形截面梁翼缘板的宽厚比限值应满足下式要求：

$$b/t \leqslant 15\varepsilon_k \qquad\qquad (3-32)$$

对焊接梁，式中翼缘自由外伸宽度 b 取腹板边至翼缘边缘的距离；对型钢梁，b 取内圆弧起点至翼缘边缘的距离。

二、梁腹板的局部稳定

当不满足局部稳定要求时，对承受静力荷载和间接承受动力荷载的组合梁应采用增加腹板厚度或设置加劲肋的方法来提高其稳定性。加劲肋分横向加劲肋、纵向加劲肋和短加劲肋（图 3-23）。

1. 腹板加劲肋的设置

焊接截面梁腹板加劲肋的设置规定如下：

（1）当 $h_0/t_w \leqslant 80\varepsilon_k$ 时，对有局部压应力的梁，应按构造配置横向加劲肋；当局部压应力较小时，可不配置加劲肋。

（2）直接承受动力荷载的吊车梁及类似构件，应按下列规定配置加劲肋：

1）当 $h_0/t_w > 80\varepsilon_k$ 时，应配置横向加劲肋。

2）当受压翼缘扭转受到约束且 $h_0/t_w > 170\varepsilon_k$、受压翼缘扭转未受到约束且 $h_0/t_w > 150\varepsilon_k$，或按计算需要时，应在弯曲应力较大区格的受压区增加配置纵向加劲肋。局部压应力很大的梁，必要时宜在受压区配置短加劲肋；对单轴对称梁，当确定是否要配置纵向加劲肋时，h_0 应取腹板受压区高度 h_c 的 2 倍。

（3）不考虑腹板屈曲后强度时，当 $h_0/t_w > 80\varepsilon_k$ 时，宜配置横向加劲肋。

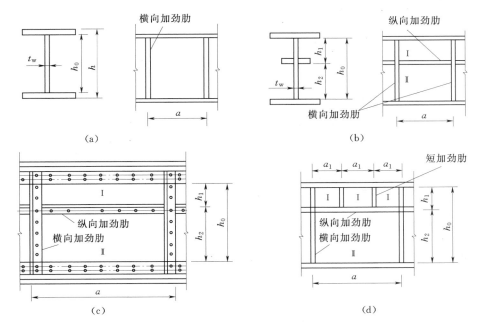

图 3-23　腹板加劲肋的布置

（4）在任何情况下，h_0/t_w 均不应超过 250。

（5）梁的支座处和上翼缘受有较大固定集中荷载处，宜设置支承加劲肋。

（6）腹板的计算高度 h_0 应按下列规定采用：对轧制型钢梁，为腹板与上、下翼缘相接处两内弧起点间的距离；对焊接截面梁，为腹板高度；对高强度螺栓连接（或铆接）梁，为上、下翼缘与腹板连接的高强度螺栓（或铆接）线间的最近距离（图 3-23）。

加劲肋宜在腹板两侧成对配置，也可单侧配置，但支承加劲肋、重级工作制吊车梁的加劲肋不应单侧配置。

横向加劲肋的最小间距应为 $0.5h_0$，除无局部压应力的梁，当 $h_0/t_w \leqslant 100$ 时，最大间距可采用 $2.5h_0$ 外，最大间距应为 $2h_0$。纵向加劲肋至腹板计算高度受压边缘的距离应在 $h_c/2.5 \sim h_c/2$。

2. 加劲肋的截面尺寸和构造要求

加劲肋宜在腹板两侧成对配置 ［图 3-24（a）］，对非吊车梁的中间加劲肋，为节约钢材也可单侧布置 ［图 3-24（b）］，对支承加劲肋和重级工作制吊车梁的加劲肋不应单侧布置。对于大型梁，也可采用角钢做加劲肋 ［图 3-24（c）、（d）］。

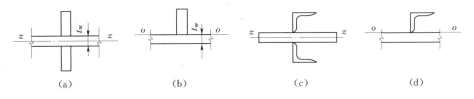

图 3-24　加劲肋的截面

在腹板两侧成对布置的加劲肋的截面尺寸（图 3－25）应符合下列要求：

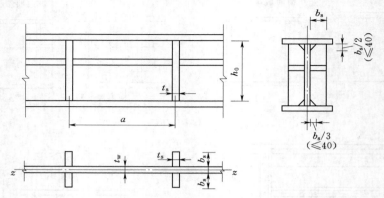

图 3-25　横向加劲肋的构造与尺寸（单位：mm）

外伸宽度：
$$b_s \geqslant \frac{h_0}{30} + 40\text{mm} \tag{3-33}$$

厚度：

承压加劲肋：
$$t_s \geqslant \frac{b_s}{15} \tag{3-34}$$

不受力加劲肋：
$$t_s \geqslant \frac{b_s}{19} \tag{3-35}$$

在腹板一侧配置的横向加劲肋，其外伸宽度应大于按式（3－33）算得的 1.2 倍，厚度应符合式（3－34）和式（3－35）的规定。

任务七　钢梁的拼接、连接和支座

一、梁的拼接

梁的拼接有工厂拼接和工地拼接两种。

由于钢材尺寸限制，梁的翼缘或腹板常需接长或加宽，这种拼接在工厂进行的称为工厂拼接。

由于运输或安装条件的限制，梁有时需分段制作和运输，然后在工地拼接，称为工地拼接。

型钢梁的拼接常采用在同一截面的对接焊缝连接，但由于翼缘与腹板连接处不易焊透，故有时采用拼接板拼接，其拼接位置宜放在弯矩较小处，如图 3－26 所示。

焊接组合梁的工厂拼接常采用焊接。应注意梁的翼缘板和腹板的拼接位置宜错开，并避免与加劲肋及次梁的连接处重合，以防止焊缝密集或交叉。腹板的拼接焊缝与横向加劲肋之间至少应相距 $10t_w$（图 3－27）。

腹板和翼缘宜采用对接焊缝拼接，施焊时宜用引弧板。采用一级、二级焊缝质量检验时，可认为焊缝与母材等强。对三级焊缝，由于焊缝抗拉强度低于母材强度，可采用斜焊缝或将拼接位置布置在弯矩较小的区域。

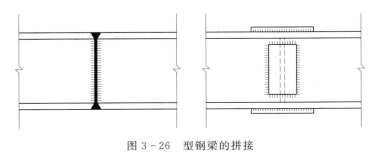

图 3-26　型钢梁的拼接

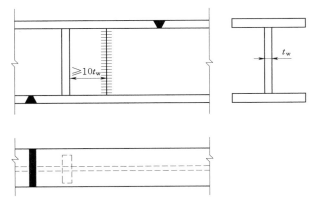

图 3-27　组合梁的工厂拼接

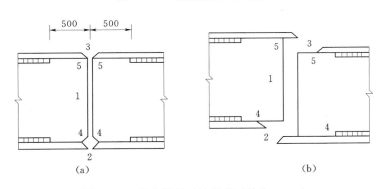

(a)　　　　　　　　　　　　(b)

图 3-28　组合梁的工地拼接（单位：mm）

梁的工地拼接位置由运输及安装条件决定，但宜设在弯矩较小处。

梁的翼缘和腹板一般宜在同一截面处断开（图 3-28），以便分段运输。当在同一截面断开时，端部平齐，运输时不宜碰损，但同一截面拼接会导致薄弱部位集中，为保证焊缝质量，上、下翼缘的拼接边缘均做成向上 V 形坡口，便于工地平焊。有时将翼缘和腹板的接头略微错开一些［图3-28（b）］，但运输时端部突出部分应加以保护。

为了减少焊接应力，应将翼缘和腹板的工厂焊缝在端部留约 500mm 长的焊缝，以使工地焊接时有较多的收缩余地。另外还宜按图 3-28 所示的施焊顺序焊接，即对拼接处的对接焊缝，要先焊腹板，再焊受拉翼缘，然后焊受压翼缘，预留的角焊缝最后补焊。

对于较重要的或受动力荷载作用的大型组合梁，考虑到现场施焊条件较差，焊缝质量

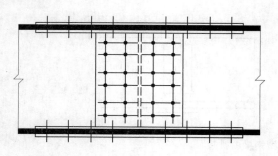

图 3-29 采用高强螺栓的工地拼接

难以保证，工地拼接宜采用高强螺栓连接（图 3-29）。

二、次梁与主梁的连接

次梁与主梁的连接有叠接和平接两种。

1. 叠接

叠接（图 3-30）是将次梁直接搁在主梁上，用螺栓或焊接连接，构造简单，但结构高大。图 3-30（a）为次梁为简支梁时与主梁的连接，图 3-30（b）为次梁为连续梁时与主梁的连接。

叠接可做成铰接和刚接。

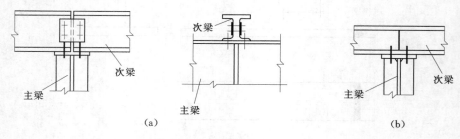

(a)   (b)

图 3-30 次梁与主梁的叠接

2. 平接

平接（图 3-31）为使次梁顶面与主梁相平或略高、略低于主梁顶面，从侧面与主梁的加劲肋或在腹板上专设的短角钢或支托相连接。图 3-31（a）、（b）、（c）是次梁为简支梁时与主梁连接的构造。平接虽构造复杂，但可降低结构高度，故在实际工程中应用较为广泛。

平接也可做成铰接和刚接。

三、梁的支座

当钢梁放置在钢筋混凝土墩台上时，必须设置支座来传递反力。支座的构造应满足下述原则：

（1）支座与墩台间应有足够的承压面积。

（2）尽可能使反力通过支座中心，承压应力分布比较均匀。

（3）对于简支梁，特别是大跨度梁，应保证梁沿纵向移动的可能，减少因温度变化梁膨缩时所产生的附加应力。

常用的支座形式有平板支座、弧形支座、铰轴支座、辊轴支座（图 3-32）。

（1）平板支座［图 3-32（a）］是在梁端下面垫上钢板做成，使梁的端部不能自由移动和转动，一般用于跨度小于 20m 的梁中。

（2）弧形支座［图 3-32（b）］由厚约 40～50mm，顶面切削成圆弧形的钢垫板制成，使梁能自由转动并可产生适量的移动，并使下部结构在支承面上受力较均匀，常用于跨度

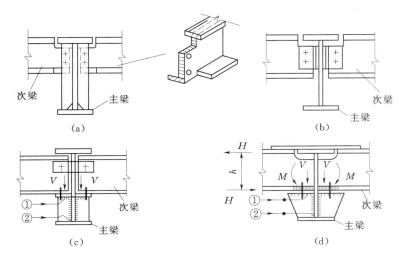

图 3-31 次梁与主梁的平接
①、②—焊缝

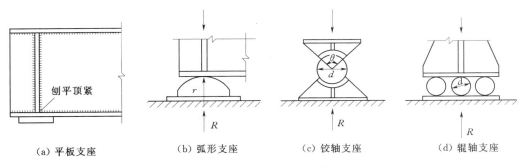

（a）平板支座　　　　（b）弧形支座　　　　（c）铰轴支座　　　　（d）辊轴支座

图 3-32 梁的支座形式

为 20～40m，支反力不超过 750kN 的梁中。

（3）铰轴支座 ［图 3-32（c）］ 完全符合梁简支的力学模型，可以自由转动，下面设置辊轴时称为辊轴支座 ［图 3-32（d）］。

（4）辊轴支座能自由转动和移动，只能安装在简支梁的一端。铰轴支座用于跨度大于40m 的梁中。

◆◇◆◇◆◇◆◇◆◇◆◇◆◇◆◇◆◇◆
学　生　工　作　任　务
◆◇◆◇◆◇◆◇◆◇◆◇◆◇◆◇◆◇◆

一、简答题

1. 常用的钢梁形式有哪几种？工字梁和槽钢梁的受力性能各有什么特点？

2. 梁的强度计算包括哪几项内容？画出弹性阶段以及截面部分发展塑性时，截面正应力的分布。

3. 什么条件下简支梁可按部分截面发展塑性计算抗弯强度？

4. 写出弯曲正应力、剪应力以及折算应力的计算公式。

5. 组合梁在什么情况下需进行折算应力的计算公式？

6. 整体失稳临界应力（弯矩）大小与哪些因素有关？

7. 钢梁的整体稳定如何验算？公式中 φ_b 代表什么意义？

8. 什么是梁的局部失稳？梁的整体失稳和局部失稳在概念上有何不同？

9. 组合梁的截面高度由哪些条件确定？是否都必须满足？当 $h_e \leqslant h_{min}$ 时，梁高如何确定？

10. 选择组合梁腹板的高度和厚度时应考虑哪些要求？腹板选择太厚或太薄会发生什么问题？

11. 选择组合梁的翼缘尺寸时应考虑哪些要求？什么是主要的？在确定翼缘截面面积公式中，右端两项各自表示什么意义？翼缘选择太窄太厚或太宽太薄会发生什么问题？

12. 组合梁为什么要沿跨度改变截面？改变方式和应用情况如何？梁高改变的位置和端部梁高如何确定？

13. 梁的支座有哪几种形式？

二、选择题

1. 型钢梁不常采用（　　）。

A. 热轧工字钢　　　　　　　　B. H 型钢

C. 槽钢　　　　　　　　　　　D. 角钢

2. 增大梁抗剪能力的最有效的方法是（　　）。

A. 加大腹板高度　　　　　　　B. 加大翼缘高度

C. 加大腹板厚度　　　　　　　D. 加大翼缘宽度

3. 验算折算应力的强度设计值增大系数 β_1，当 σ_1 与 σ_c 异号时，β_1 的取值为（　　）。

A. 1.1　　　　　　　　　　　B. 1.2

C. 1.1　　　　　　　　　　　D. 1.0

4. 计算梁的最大挠度值时，计算荷载采用（　　）。

A. 荷载标准值　　　　　　　　B. 荷载设计值

C. 荷载平均值　　　　　　　　D. 荷载最大值

5. 能保持整体稳定的最大弯矩称为（　　）。

A. 临界弯矩 M_{cr}　　　　　　B. 设计弯矩 M

C. 最大弯矩 M_{max}　　　　　D. 破坏弯矩 M_u

6. 经济梁高是指（　　）。

A. 按建筑物净空要求所容许采用的梁截面高度

B. 满足设计要求时用钢量最少的梁高

C. 符合钢板规格的整数作为梁的高度

D. 梁的挠度不超过容许挠度的梁高

7. 焊接组合梁的截面改变位置是在（　　）处。

A. $l/2$　　　　　　　　　　　B. $l/3$

C. $l/6$　　　　　　　　　　　D. $l/8$

8. 次梁与主梁的连接有（　　）。

A. 叠接和铰接　　　　　　　B. 刚接和铰接

C. 叠接和刚接　　　　　　　D. 叠接和平接

9. 弧形支座由顶面切削成圆弧形的钢垫板制成，适用于梁的跨度为（　　）。

A. ＜20m　　　　　　　　　B. 20～40m

C. ＞40m　　　　　　　　　D. 任何跨度

10. （　　）关于整体稳定的结论是错误的。

A. 梁的侧向抗弯刚度 EI_y 越大，临界弯矩 M_{cr} 越大

B. 各种荷载作用下，以纯弯时的临界弯矩 M_{cr} 最大

C. 受压翼缘的自由长度 l_1 越小，临界弯矩 M_{cr} 越大

D. 梁的支承约束程度越大，临界弯矩 M_{cr} 越大

三、计算题

1. 某钢梁跨度为 7m 的简支梁，如图 3－11 所示，跨中受集中荷载 F 作用，此静力荷载标准值为：永久荷载 10kN，可变荷载 20kN，挠度容许值 $[v_T]=l/250$，采用工字梁 I28a，钢材为 Q235。验算梁的强度和刚度。

2. 试验算如图 3－33 所示双轴对称工字形截面简支梁的整体稳定性。已知梁跨度为 7.2m，在梁跨中作用一集中荷载，设计值为 600kN，跨中无侧向支承，钢材为 Q235。

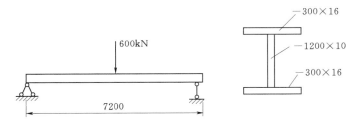

图 3－33　计算题 2 图（尺寸单位：mm）

3. 某平台梁格布置如图 3－34 所示，铺板为预制钢筋混凝土板。设平台永久荷载标准值（包括铺板自重）为 6kN/m²，可变荷载标准为 12kN/m²，钢材为 Q235 钢，用 E43 型焊条，试计算：

（1）若铺板与次梁焊接，次梁的整体稳定性有保证时，选择次梁的截面（采用轧制工字型钢）。

（2）若次梁的整体稳定不能保证时，重新选择其截面，并比较之。

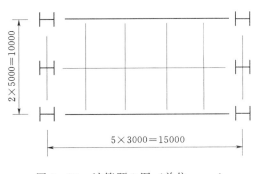

图 3－34　计算题 3 图（单位：mm）

4. 一跨度为 4m 的简支梁，承受均布荷载，其中永久荷载标准值 20kN/m，可变荷载标准值 16kN/m，采用 Q235 钢，挠度容许值 $[v_T]=l/250$，试选择普通工字钢截面。

5. 图 3－35 为承受均布荷载的简支梁。梁截面几何尺寸及荷载大小如图 3－35 所示，钢材为 Q235 钢，若梁支承加劲肋端面承压强度满足要求，试验算其稳定性是否满足

要求。

6. 图 3-36 为加强受压翼缘的梁截面，跨度为 6m，跨中无侧向支承，试计算梁的整体稳定系数。

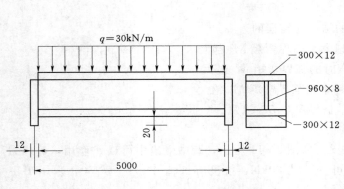

图 3-35 计算题 5 图（尺寸单位：mm）

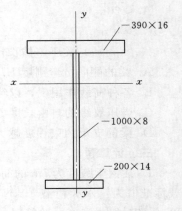

图 3-36 计算题 6 图
（尺寸单位：mm）

项目四 其他受力构件

学习指南

工作任务

（1）轴心受拉、受压构件的设计计算。

（2）拉弯、压弯构件的设计计算。

知识目标

（1）了解轴心受力构件、拉弯和压弯构件的构造知识。

（2）掌握轴心受力构件、拉弯和压弯构件强度计算、刚度验算的相关知识。

（3）掌握轴心受压构件整体稳定、局部稳定验算的相关知识。

（4）掌握实腹式压弯构件弯矩作用平面内和平面外稳定性验算的相关知识。

技能目标

（1）熟练掌握实腹式轴心受压构件的设计计算。

（2）熟悉实腹式压弯构件的设计计算。

（3）掌握轴心受力构件、拉弯和压弯构件整体失稳和局部失稳的防止措施。

任务一 轴心受力构件

轴心受力构件是指轴向力通过杆件截面形心的构件，包括轴心受拉构件和轴心受压构件。在钢结构中轴心受力构件的应用十分广泛，例如桁架、塔架、网架等的杆件体系。由于内力计算时通常假设其节点为铰接，当无节间荷载时，这些杆件均为轴心受拉或轴心受压构件，图 4-1 为轴心受力构件在工程中应用的一些实例。

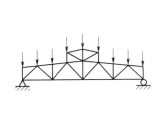

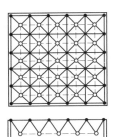

（a）桁架　　　　　　　　（b）塔架　　　　　　　　（c）网架

图 4-1　轴心受力构件在工程中的应用

轴心受力构件的常用截面形式有实腹式和格构式两大类（图 4-2）。

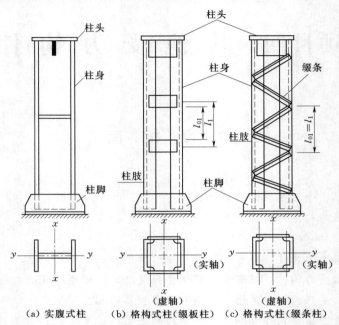

图 4-2 柱的形式和组成部分

(a) 实腹式柱　(b) 格构式柱（缀板柱）　(c) 格构式柱（缀条柱）

实腹式构件具有整体连通的截面，可直接采用单个型钢截面，也可用由型钢或钢板组成的组合截面，如图 4-3（a）所示，其中最常用的是工字形和箱形截面。对热轧角钢经常两两配合使用，组成双角钢 T 形或十字形组合截面 [图 4-3（b）]；在轻型结构中则可使用冷弯薄壁型钢截面 [图 4-3（c）]。实腹式构件构造简单，制作方便，整体受力性能好，与其他构件连接也较方便，但截面尺寸较大时钢材用量较多。

格构式构件一般由两个或多个分肢用缀材（缀板或缀条）连接组成 [图 4-3（d）]。格构式构件可通过调整两单肢间的距离实现两主轴方向的等稳，达到节约钢材的目的，同时其刚度大，抗扭性能较好，但制造费工。

轴心受拉构件的设计应满足强度和刚度要求，而轴心受压构件应满足强度、刚度和稳定的要求。

一、轴心受力构件的强度和刚度

（一）强度计算

轴心受力构件的强度承载力是以截面的平均应力达到钢材的屈服强度为极限，按下列公式进行计算：

毛截面屈服：
$$\sigma=\frac{N}{A}\leqslant f \tag{4-1}$$

净截面屈服：
$$\sigma=\frac{N}{A_n}\leqslant 0.7f_u \tag{4-2}$$

式中　N——构件的轴心拉力或压力设计值；

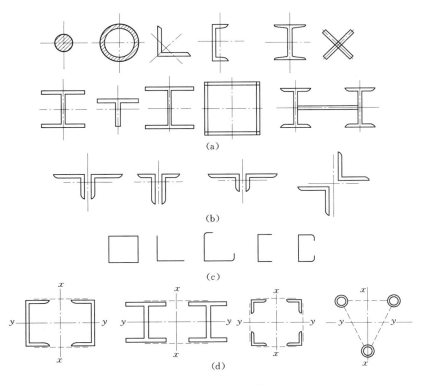

图 4-3 轴心受力构件的截面形式

A——构件的毛截面面积；

A_n——构件的净截面面积；

f——钢材的抗拉（压）强度设计值，按附表 1-1 选用；

f_u——钢材极限抗拉强度最小值。

对于螺栓连接的轴心受拉构件，A_n 的计算方法见项目二；对有螺纹的拉杆，A_n 取螺纹处的有效截面面积。

轴心受力构件的组成板件在节点或拼接处并非全部直接传力时，应将危险截面的面积乘以有效截面系数 η，当角钢单边连接时，η 取 0.85；工字形、H 形截面翼缘连接时，η 取 0.90，腹板连接时，η 取 0.70。

（二）刚度计算

为满足正常使用要求，轴心受力构件不应做得过于细长，应有一定的刚度，以防止构件在使用过程中由于自重产生过大的挠度，在运输过程中产生弯曲等。

轴心受力构件的刚度常用长细比来衡量，长细比越大，构件的刚度越小。受拉或受压构件的长细比应满足式（4-3）的要求：

$$\lambda = \frac{l_o}{i} \leq [\lambda] \tag{4-3}$$

其中

$$i = \sqrt{\frac{I}{A}}$$

式中 λ ——构件的最大长细比，取两主轴方向长细比 $\lambda_x = l_{ox}/i_x$、$\lambda_y = l_{oy}/i_y$ 的较大值；

      l_o——构件的计算长度；

      i——截面的回转半径；

    $[\lambda]$——构件的容许长细比，见表 4-1、表 4-2 和表 4-3。

表 4-1　　　　　　　　　　　　　受拉构件的容许长细比

构　件　名　称	承受静力荷载或间接承受动力荷载的结构			直接承受动力荷载结构
	一般建筑结构	对腹杆提供平面外支点的弦杆	有重级工作制吊车的厂房	
桁架的杆件	350	250	250	250
吊车梁或吊车桁架以下柱间支撑	300	—	200	—
除张紧的圆钢外的其他拉杆、支撑、系杆等	400	—	350	—

表 4-2　　　　　　　　　　　　　受压构件的容许长细比

构　件　名　称	容　许　长　细　比
轴心受压柱、桁架和天窗架中的压杆	150
柱的缀条、吊车梁或吊车桁架以下的柱间支撑	150
支撑	200
用以减小受压构件计算长度的杆件	200

表 4-3　　　　　　　　　　　　　闸门构件的容许长细比

构件种类	主要构件	次要构件	联系构件
受压构件	120	150	200
受拉构件	200	250	350

二、轴心受压构件的整体稳定计算

轴心受压构件除了短粗杆或截面有较大削弱的杆可能因截面平均应力达到设计强度而丧失承载力外，在一般情况下，轴心受压构件的承载力由稳定条件决定。轴心受压构件的整体稳定临界应力和许多因素有关，而这些因素的影响又是错综复杂的，为临界力的计算带来了困难。

（一）轴心受压构件的柱子曲线

压杆失稳时临界应力 σ_{cr} 与长细比 λ 之间的关系曲线为柱子曲线。我国采用有缺陷的实际轴心受压构件作为计算模型，以初弯曲 $v_0 = l/1000$ 作为初弯曲和初偏心的代表值，考虑不同截面形式和尺寸、不同加工条件和残余应力分布以及大小、不同的屈曲方式，采用数值分析方法共计算了 200 多条柱子曲线，它们呈相当宽的带状分布。因此，在计算资料的基础上，按照经济、合理和便于设计应用的原则，将这些柱子曲线合并归纳为四组，取每组中柱子曲线的平均值作为代表曲线，如图 4-4 中的 a、b、c、d 四条曲线。一般的截面情况属于 b 类。在 $\lambda=40\sim120$ 的常用范围内，柱子曲线 a 比曲线 b 高出 4%～15%；而曲线 c 比曲线 b 低 7%～13%。曲线 d 主要用于厚板截面。

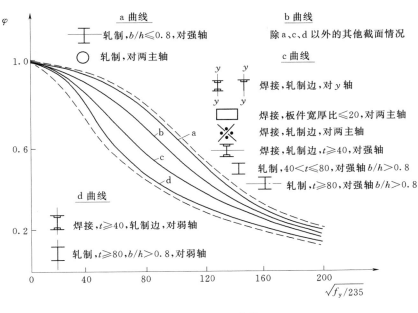

图 4-4 柱子曲线

组成板件厚度 $t\geqslant40$mm 的轴心受压构件的截面分类见表 4-4，而 $t<40$mm 的截面分类见表 4-5。

表 4-4 轴心受压构件的截面分类（板厚 $t\geqslant$40mm）

截 面 形 式		对 x 轴	对 y 轴
轧制工字形或 H 形截面	$t<80$mm	b 类	c 类
	$t\geqslant80$mm	c 类	d 类
焊接工字形截面	翼缘为焰切边	b 类	b 类
	翼缘为轧制或剪切边	c 类	d 类
焊接箱形截面	板件宽厚比>20	b 类	b 类
	板件宽厚比≤20	c 类	c 类

表 4 - 5   **轴心受压构件的截面分类（板厚 $t<40mm$）**

截 面 形 式		类 别	
		对 x 轴	对 y 轴
轧制（圆形截面）		a 类	a 类
轧制（工字形截面）	$b/h \leqslant 0.8$	a 类	b 类
	$b/h > 0.8$	a* 类	b* 类
轧制等边角钢		a* 类	a* 类
焊接、翼缘为焰切边；焊接（圆形截面）；轧制；轧制、焊接（板件宽厚比>20）；轧制或焊接；焊接；轧制截面和翼缘为焰切边的焊接截面；格构式；焊接，板件边缘焰切		b 类	b 类
焊接，翼缘为轧制或剪切边		b 类	c 类
焊接，板件边缘轧制或剪切；轧制、焊接（板件宽厚比≤20）		c 类	c 类

注 1. a* 类含义为 Q235 钢取 b 类，Q345、Q390、Q420 和 Q460 钢取 a 类；b* 类含义为 Q235 钢取 c 类，Q345、Q390、Q420 和 Q460 钢取 b 类。

     2. 无对称轴且剪心和形心不重合的截面，其截面分类可按有对称轴的类似截面确定，如不等边角钢采用等边角钢的类别；当无类似截面时，可取 c 类。

为了便于应用，分别制定出 a、b、c、d 四类截面轴心受压构件稳定系数表，根据表 4-4、表 4-5 的截面分类和构件的长细比，按附录四查稳定系数。

（二）轴心受压构件整体稳定性的计算公式

轴心受压构件所受应力应不大于整体稳定的临界应力，考虑抗力分项系数 γ_R 后为：

$$\sigma = \frac{N}{A} \leqslant \frac{\sigma_{cr}}{\gamma_R} = \frac{\sigma_{cr} f_y}{f_y \gamma_R} = \varphi f \qquad (4-4)$$

轴心受压构件整体稳定计算公式如下：

$$\frac{N}{\varphi A f} \leqslant 1.0 \qquad (4-5)$$

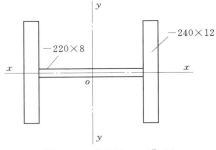

图 4-5　[案例 4-1] 图

式中　N——轴心压力设计值；

　　　　A——构件的毛截面面积；

　　　　f——钢材的抗压强度设计值，按附表 1-1 选用；

　　　　φ——轴心受压构件的整体稳定系数，$\varphi = \sigma_{cr}/f_y$。

【案例 4-1】　某焊接工字形截面轴心受压构件，截面尺寸如图 4-5 所示，承受轴心压力设计值（包括构件自重）$N = 1560kN$，构件的计算长度 $l_{ox} = 3m$，$l_{oy} = 6m$，翼缘板为火焰切边，钢材为 Q345 钢，截面无削弱。验算该截面的整体稳定性。

解：

（1）截面几何特征。

$$A = 240 \times 12 \times 2 + 220 \times 8 = 7520(mm^2)$$

$$I_x = 12 \times 240^3 \times \frac{2}{12} + 220 \times \frac{8^3}{12} = 2.766 \times 10^7(mm^4)$$

$$I_y = \frac{240 \times 244^3 - 232 \times 220^3}{12} = 8.467 \times 10^7(mm^4)$$

$$i_x = \sqrt{\frac{I_x}{A}} = \sqrt{\frac{2.766 \times 10^7}{7520}} = 60.6(mm)$$

$$i_y = \sqrt{\frac{I_y}{A}} = \sqrt{\frac{8.467 \times 10^7}{7520}} = 106.1(mm)$$

$$\lambda_x = \frac{l_{ox}}{i_x} = \frac{3000}{60.6} = 49.5, \lambda_y = \frac{l_{oy}}{i_y} = \frac{6000}{106.1} = 56.6 \leqslant [\lambda] = 150$$

（2）整体稳定性验算。

截面关于 x 轴和 y 轴都属于 b 类，$\lambda_x < \lambda_y$，则

$$\lambda_y / \varepsilon_k = 56.6 / \sqrt{235/345} = 68.6$$

查附表 4-2 得 $\varphi = 0.759$。

$$\frac{N}{\varphi A f} = \frac{1560 \times 10^3}{0.759 \times 7520 \times 305} = 0.90 < 1.0$$

整体稳定满足要求。

三、实腹式轴心受压构件的局部稳定

当轴心受压构件尚未达到临界应力时，不会发生整体失稳破坏，但可能发生板件局部

屈曲，即受压的板件因平面尺寸较大而厚度相对过薄所发生的偏离其原来的平面位置的波形凸曲，这种板件局部屈曲并退出工作的现象称为构件局部丧失稳定性，如图4-6所示。构件丧失局部稳定后还可能继续维持着整体的平衡状态，但由于部分板材屈曲后退出工作，使构件的有效截面减小，会加速构件整体失稳而丧失承载能力。

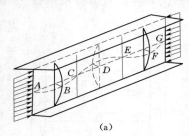 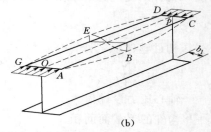

图4-6 轴心受压构件局部丧失稳定性

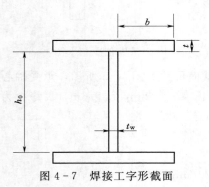

图4-7 焊接工字形截面

实腹式轴心受压构件主要承受轴心压力，应按均匀受压板计算其板件的局部稳定。

图4-7中工字形截面翼缘可视为一边自由三边简支的均匀受压板，实腹轴压构件要求不出现局部失稳者，其板件腹板宽厚比、翼缘外伸宽厚比应符合下列规定。

（一）H形截面腹板宽厚比限值

H形截面腹板宽厚比限值按式（4-6）确定：

$$h_0/t_w \leqslant (25+0.5\lambda)\varepsilon_k \tag{4-6}$$

式中 λ——构件的较大长细比，当$\lambda<30$时，取为30，当$\lambda>100$时，取为100；

h_0、t_w——腹板计算高度和厚度，按表3-1注2取值。

（二）H形翼缘外伸宽厚比限值

H形截面翼缘宽厚比限值按式（4-7）确定：

$$b/t_f \leqslant (10+0.1\lambda)\varepsilon_k \tag{4-7}$$

式中 b、t_f——翼缘板自由外伸宽度和厚度，按表3-1注2取值。

（三）箱形截面壁板

箱形截面壁板宽厚比限值按式（4-8）确定：

$$b/t \leqslant 40\varepsilon_k \tag{4-8}$$

式中 b——壁板的净宽度，当箱形截面设有纵向加劲肋时，为壁板与加劲肋直径的净宽度。

（四）T形截面

T形截面翼缘宽厚比限值按式（4-7）确定。

T形截面腹板宽厚比限值为：

热轧剖分T形钢 $\qquad h_0/t_w \leqslant (15+0.2\lambda)\varepsilon_k \tag{4-9}$

焊接T形钢 $\qquad h_0/t_w \leqslant (13+0.17\lambda)\varepsilon_k \tag{4-10}$

对焊接构件，h_0 取腹板高度 h_w；对热轧构件，h_0 取腹板平直段长度，简要计算时，可取 $h_0=h_w-t_f$，但不小于 (h_w-20)mm。

（五）等边角钢

等边角钢轴心受压构件的肢件宽厚比限值为：

当 $\lambda \leqslant 80\varepsilon_k$ 时 $\qquad\qquad\qquad\qquad w/t \leqslant 15\varepsilon_k$ $\qquad\qquad$ (4-11)

当 $\lambda > 80\varepsilon_k$ 时 $\qquad\qquad\qquad\qquad w/t \leqslant 5\varepsilon_k+0.125\lambda$ $\qquad\qquad$ (4-12)

式中 $\quad w$、t——角钢的平板宽度和厚度，简要计算时，w 可取为 $b-2t$，b 为角钢宽度；

$\qquad\lambda$——按角钢绕非对称主轴回转半径计算的长细比。

（六）圆管

圆管压杆的外径与壁厚之比不超过 $100\varepsilon_k^2$。

四、实腹式轴心受压柱的设计

实腹式轴心受压柱的设计应满足强度、刚度、整体稳定和局部稳定要求。设计时考虑以下几方面：①截面面积的分布应尽量远离主轴线，以增大截面的惯性矩和回转半径，从而提高柱的整体稳定性和刚度；②使两个主轴方向的稳定性相等，即 $\varphi_x=\varphi_y$；③构造简单，便于制作；④便于与其他构件连接；⑤选用便于供应的钢材规格。

（一）截面设计

首先根据截面的设计原则选定合适的截面形式和钢材，再选择截面尺寸，然后进行验算。具体步骤如下：

(1) 假定柱的长细比，求出所需要的截面面积。根据以往设计经验，一般可假定 $\lambda = 40 \sim 100$。当压力大而计算长度小时取较小值，反之取较大值。根据截面类别、钢材种类和 λ，查整体稳定系数 φ，则需要的截面面积为：

$$A=\frac{N}{\varphi f}$$

(2) 求两个主轴所需的回转半径：

$$i_x=\frac{l_{ox}}{\lambda_x},\ i_y=\frac{l_{oy}}{\lambda_y}$$

(3) 根据截面面积 A 和回转半径 i_x、i_y 优先选用型钢，如普通工字钢、H 型钢等。

当型钢规格不满足要求时，可采用组合截面，一般根据回转半径初步定出截面的轮廓尺寸 h 和 b。

$$h=\frac{i_x}{\alpha_1},\ b=\frac{i_y}{\alpha_2}$$

式中，α_1、α_2 为系数，表示 h、b 和回转半径 i_x、i_y 之间的近似数值关系，常用截面的 α_1、α_2 值见表 4-6。

(4) 根据 A、h、b，并考虑构造要求和局部稳定等，初拟截面尺寸。

(5) 计算截面的几何特征并验算柱的强度、整体稳定、局部稳定和刚度。

表 4 - 6　　　　　　　　　　　　各种直径回转半径的近似值

截面	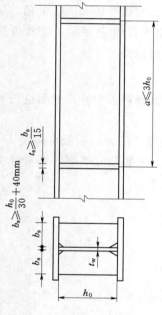			
$i_x = \alpha_1 h$	$0.43h$	$0.38h$	$0.38h$	$0.40h$
$i_y = \alpha_2 b$	$0.24b$	$0.44b$	$0.60b$	$0.40b$
截面				
	等边	短边相连	长边相连	
$i_x = \alpha_1 h$	$0.30h$	$0.28h$	$0.32h$	$0.39h$
$i_y = \alpha_2 b$	$0.21b$	$0.24b$	$0.20b$	$0.50b$

图 4-8　实腹式柱的
横向加劲肋

（二）构造要求

当实腹柱的腹板高厚比 $h_0/t_w > 80\varepsilon_k$ 时，为防止腹板在施工和运输过程中发生变形，提高柱的抗扭刚度，应设置如图 4-8 所示的成对横向加劲肋。其间距不得大于 $3h_0$，截面尺寸满足有关规定要求。

对大型实腹柱，为增加其抗扭刚度，应设置横隔（加宽的横向加劲肋）。横隔的间距不得大于柱截面较大宽度的 9 倍或 8m，且在运输单元的两端均应设置。另外，在受有较大水平力处亦应设置，为防止柱局部弯曲变形。

轴心受压实腹柱的纵向焊缝（翼缘与腹板的连接焊缝）受力很小，其连接焊缝一般按构造取 $h_f = 4 \sim 8\text{mm}$。

【案例 4 - 2】　图 4-9 所示为一管道支架，其支柱的设计压力 $N = 1600\text{kN}$（设计值），柱两端铰接，$l_{ox} = 6000\text{mm}$，$l_{oy} = 3000\text{mm}$，钢材为 Q235 钢，截面无孔眼削弱。设计此支柱的截面：①用普通轧制工字钢截面；②用焊接工字形截面，翼缘板为焰切边。

解：

1. 普通轧制工字钢

（1）试选截面。假定 $\lambda = 90$，对于轧制工字钢，绕 x 轴属于 a 类截面，查附表 4-1 得 $\varphi_x = 0.713$；绕 y 轴属于 b 类截面，由附表 4-2 查得 $\varphi_y = 0.621$，所需截面几何量为：

$$A = \frac{N}{\varphi_{\min} f} = \frac{1600 \times 10^3}{0.621 \times 215} = 11984 (\text{mm}^2)$$

$$i_x = \frac{l_{ox}}{\lambda} = \frac{6000}{90} = 66.7 (\text{mm})$$

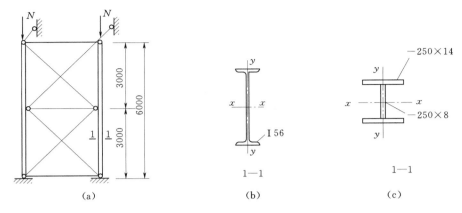

图 4 - 9　［案例 4 - 2］图（尺寸单位：mm）

$$i_y = \frac{l_{oy}}{\lambda} = \frac{3000}{90} = 33.3 \text{(mm)}$$

试选轧制工字钢 I56a，如图 4 - 9（b）所示，$A = 13500\text{mm}^2$，$i_x = 220\text{mm}$，$i_y = 31.8\text{mm}$。

（2）截面验算。

强度验算：

毛截面屈服：$\sigma = \dfrac{N}{A} = \dfrac{1600 \times 10^3}{13500} = 118.5 \text{(N/mm}^2) < f = 205 \text{(N/mm}^2)$

净截面断裂：$\sigma = \dfrac{N}{A_n} = \dfrac{1600 \times 10^3}{13500} = 118.5 \text{N/mm}^2 < 0.7f_u = 0.7 \times 370 = 259 \text{N/mm}^2$

刚度验算：
$$\lambda_x = \frac{l_{ox}}{i_x} = \frac{6000}{220} = 27.3 < [\lambda] = 150$$

$$\lambda_y = \frac{l_{oy}}{i_y} = \frac{3000}{31.8} = 94.3 < [\lambda] = 150$$

整体稳定验算：$\lambda_x < \lambda_y$，查附表 4 - 2 得 $\varphi = 0.592$。

$$\frac{N}{\varphi A f} = \frac{1600 \times 10^3}{0.592 \times 13500 \times 205} = 0.98 < 1.0$$

满足要求。

从以上计算结果可以看出，若截面无孔眼削弱，轴心受压构件的承载力是由整体稳定决定的，可以不进行强度验算。对于热轧型钢截面，由于其板件的宽厚比较小，一般能满足要求，因此，可不进行局部稳定验算。

2. 焊接工字形截面

（1）初选截面。由于焊接工字形截面可以选用宽翼缘的形式，截面宽度较大，因此长细比的假设值可适当减小，假定 $\lambda = 60$，对于宽翼缘焊接工字形截面，因 $b/h > 0.8$，不论对 x、y 轴都属于 b 截面，查附表 4 - 2 得 $\varphi = 0.807$，所需截面几何量为：

$$A = \frac{N}{\varphi f} = \frac{1600 \times 10^3}{0.807 \times 215} = 9222 \text{(mm}^2)$$

$$i_x = \frac{l_{ox}}{\lambda} = \frac{6000}{60} = 100 \text{(mm)}$$

$$i_y = \frac{l_{oy}}{\lambda} = \frac{3000}{60} = 50(\text{mm})$$

利用表 4-6 的近似值 α_1、α_2 得

$$h = \frac{i_x}{\alpha_1} = \frac{100}{0.43} = 232, b = \frac{i_y}{\alpha_2} = \frac{50}{0.24} = 208$$

选工字钢截面如图 4-9（c）所示，翼缘为 $250\text{mm} \times 14\text{mm}$，腹板为 $250\text{mm} \times 8\text{mm}$，其截面面积：

$$A = 2 \times 250 \times 14 + 250 \times 8 = 9000(\text{mm}^2)$$

$$I_x = \frac{250 \times 278^3 - 242 \times 250^3}{12} = 1.325 \times 10^8 (\text{mm}^4)$$

$$I_y = \frac{2 \times 14 \times 250^3}{12} + \frac{250 \times 8^3}{12} = 3.646 \times 10^7 (\text{mm}^4)$$

$$i_x = \sqrt{\frac{I_x}{A}} = \sqrt{\frac{1.325 \times 10^8}{9000}} = 121.3(\text{mm})$$

$$i_y = \sqrt{\frac{I_y}{A}} = \sqrt{\frac{3.646 \times 10^7}{9000}} = 63.6(\text{mm})$$

（2）截面验算。

刚度验算：

$$\lambda_x = \frac{l_{ox}}{i_x} = \frac{6000}{121.3} = 49.5 < [\lambda] = 150$$

$$\lambda_y = \frac{l_{oy}}{i_y} = \frac{3000}{63.6} = 47.2 < [\lambda] = 150$$

整体稳定：$\lambda_x > \lambda_y$，查附表 4-2 得 $\varphi_x = 0.86$。

$$\frac{N}{\varphi A f} = \frac{1600 \times 10^3}{0.86 \times 9000 \times 215} = 0.96 < 1.0$$

局部稳定验算：

翼缘　当 $\frac{b}{t_f} = \frac{121}{14} = 8.6 < (10 + 0.1\lambda)\varepsilon_k = (10 + 0.1 \times 49.5) \times 1.0 = 15.0$

腹板　$\frac{h_0}{t_w} = \frac{250}{8} = 31.3 < (25 + 0.5\lambda)\varepsilon_k = (25 + 0.5 \times 49.5) \times 1.0 = 49.8$

满足要求。

从计算结果可知，普通轧制工字钢截面要比用焊接工字形截面约大 50%，这是由于普通轧制工字钢绕弱轴的回转半径太小，承载能力由弱轴控制，显然是不经济的。但焊接工字形截面的焊接工作量大，设计时应综合考虑。

任务二　拉弯和压弯构件

拉弯、压弯构件是指同时承受轴心拉力或压力 N 以及弯矩 M 的构件，也常称为偏心受拉构件或偏心受压构件，如图 4-10 所示。弯矩可以由轴向力的偏心作用、端弯矩作用或横向荷载作用三种因素造成。当弯矩作用在截面的一个主轴平面内时，弯曲变形只在一个方向产生，称为单向拉弯或单向压弯构件；当弯矩作用在两个主轴平面时，弯曲变形将

同时在两个方向发生，称为双向拉弯或压弯构件。

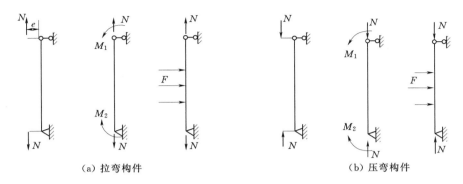

（a）拉弯构件　　　　　　　　　　　　　　　　（b）压弯构件

图 4－10　拉弯和压弯构件

　　拉弯、压弯构件的截面形式分为实腹式和格构式两大类，通常做成在弯矩作用方向具有较大的截面尺寸，以便在该方向获得较大的截面抵抗矩、回转半径和抗弯刚度。在格构式中，通常使虚轴垂直于弯矩作用平面，以便根据弯矩大小，灵活调整两分肢的间距，常用的形式如图 4－11 所示。双轴对称截面［图 4－11（a）］常用于弯矩较小或正负弯矩绝对值大致相等以及使用上宜采用对称截面的构件；单轴对称截面［图 4－11（b）］常用于单向弯曲或正负弯矩相差较大的压弯构件。

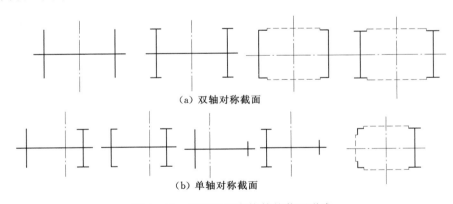

（a）双轴对称截面

（b）单轴对称截面

图 4－11　拉弯和压弯构件的截面形式

　　在钢结构中，拉弯、压弯构件的应用十分广泛，例如有节间荷载作用的桁架上下弦杆，受风荷作用的框架柱以及单层厂房的边柱等。

　　与轴心受力构件一样，在进行拉弯和压弯构件设计时，应同时满足承载能力极限状态和正常使用极限状态的要求。拉弯构件应满足强度和刚度的要求；压弯构件应满足强度、刚度、整体稳定和局部稳定的要求。

一、拉弯、压弯构件的强度和刚度

（一）拉弯、压弯构件的强度

承受静力荷载的拉弯和压弯构件的强度计算，考虑钢材的塑性性能，以截面出现塑性铰为强度极限，引入塑性发展系数，以控制塑性区发展深度。

拉弯和压弯构件的强度计算公式为：

$$\frac{N}{A_n} \pm \frac{M_x}{\gamma_x W_{nx}} \leqslant f \qquad (4-13)$$

对承受双向弯矩的拉弯和压弯构件，采用式（4-14）：

$$\frac{N}{A_n} \pm \frac{M_x}{\gamma_x W_{nx}} \pm \frac{M_y}{\gamma_y W_{ny}} \leqslant f \qquad (4-14)$$

式中　A_n——构件的净截面面积；

　M_x、M_y——同一截面处对 x 轴和 y 轴的弯矩设计值；

W_{nx}、W_{ny}——对 x 轴和 y 轴的净截面模量；

　γ_x、γ_y——截面塑性发展系数，根据其受压板件的内力分布情况确定其截面板件宽厚比等级，当截面板件宽厚比等级不满足 S3 级要求时，取 1.0，满足 S3 级要求时，按表 3-2 采用；需要验算疲劳强度的拉弯、压弯构件，宜取 1.0。

（二）拉弯和压弯构件的刚度

拉弯、压弯构件的刚度验算同轴心受力构件，用长细比来控制。对刚度的要求是：

$$\lambda_{max} \leqslant [\lambda] \qquad (4-15)$$

式中　λ_{max}——构件最不利方向的长细比最大值；

　$[\lambda]$——构件容许长细比，按表 4-1 或表 4-2 选用。

【案例 4-3】　试计算如图 4-12 所示拉弯构件的强度和刚度。轴向拉力设计值 $N=$ 320kN，杆中点横向集中荷载设计值 $F=18kN$，静力荷载。钢材为 Q345 钢，截面无削弱。

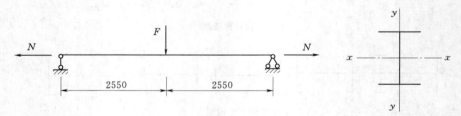

图 4-12　[案例 4-3] 图（尺寸单位：mm）

解：

设采用普通工字钢。先按第 1 组考虑，$f=305N/mm^2$。

（1）内力计算。

轴向拉力 $N=320kN$。

弯矩：

$$M = \frac{FL}{4} = 18 \times \frac{5.1}{4} = 22.95(kN \cdot m)$$

（2）截面选择。

设

$$A = \frac{N}{0.5f} = \frac{320 \times 10^3}{0.5 \times 305} = 2098(mm^2)$$

所需截面模量：$W_n = \dfrac{M}{0.5\gamma f} = \dfrac{22.95 \times 10^6}{0.5 \times 1.05 \times 305} = 143325(\text{mm}^3)$

查附表 5-1，选 I16 工字钢，$A = 2610\text{mm}^2$，$W_x = 1.41 \times 10^5\text{mm}^3$，$i_x = 65.7\text{mm}$，$i_y = 18.9\text{mm}$，自重 $g_k = 0.201\text{kN/m}$。

（3）强度验算。

考虑自重后的弯矩为：

$$M_x = M + \frac{1}{8}\gamma_G g_k l^2 = 22.95 + \frac{1}{8} \times 1.2 \times 0.201 \times 5.1^2 = 23.73(\text{kN} \cdot \text{m})$$

$$\frac{N}{A_n} + \frac{M_x}{\gamma_x W_{nx}} \leqslant \frac{320 \times 10^3}{2610} + \frac{23.73 \times 10^6}{1.05 \times 1.41 \times 10^5} = 282.9(\text{N/mm}^2) < f = 305(\text{N/mm}^2)$$

（4）刚度验算。

$$\lambda_x = \frac{5100}{65.7} = 77.6，\lambda_y = \frac{5100}{18.9} = 269.8 < [\lambda] = 350$$

满足要求。

二、压弯构件的整体稳定

压弯构件的承载力决定于构件的整体稳定与强度，通常由整体稳定控制，其整体稳定的丧失可能有下面两种情况：

（1）在弯矩作用平面内因压力和弯矩的共同作用，变形持续发展，以致使构件丧失稳定承载力。

（2）在弯矩作用平面外发生弯曲扭转屈曲而丧失稳定。

为了保证压弯构件的整体稳定，必须分别进行弯矩作用平面内和弯矩作用平面外的稳定计算。

（一）弯矩作用平面内整体稳定的实用计算公式

实腹式压弯构件在弯矩作用平面内的稳定计算式：

$$\frac{N}{\varphi_x A f} + \frac{\beta_{mx} M_x}{\gamma_x W_{1x}\left(1 - 0.8\dfrac{N}{N'_{Ex}}\right)f} \leqslant 1.0 \tag{4-16}$$

其中

$$N'_{Ex} = \frac{\pi^2 EA}{1.1\lambda_x^2}$$

式中　N——所计算构件范围内轴心压力设计值；

M_x——所计算构件范围内的最大弯矩设计值；

φ_x——弯矩作用平面内轴心受压构件稳定系数；

W_{1x}——在弯矩作用平面内对受压最大纤维的毛截面模量；

N'_{Ex}——参数；

γ_x——截面塑性发展系数，按表 3-2 采用；

β_{mx}——等效弯矩系数，按下列规定取值。

1. 无侧移框架柱和两端支承的构件

（1）无横向荷载作用时，β_{mx} 应按下式计算：

$$\beta_{mx} = 0.6 + 0.4 \frac{M_2}{M_1} \qquad (4-17)$$

式中 M_1、M_2——端弯矩，构件无反弯点时取同号，构件有反弯点时取异号，$|M_1| \geqslant |M_2|$。

（2）无端弯矩但有横向荷载作用时：

跨中单个集中荷载 $\qquad\qquad \beta_{mx} = 1 - 0.36 \frac{N}{N_{cr}} \qquad (4-18)$

全跨均布荷载 $\qquad\qquad\quad \beta_{mx} = 1 - 0.18 \frac{N}{N_{cr}} \qquad (4-19)$

其中 $\qquad\qquad\qquad\qquad N_{cr} = \frac{\pi^2 EI}{(\mu l)^2}$

式中 N_{cr}——弹性临界力；

μ——构件的计算长度系数。

（3）端弯矩和横向荷载同时作用时，将式（4-16）中的 $\beta_{mx} M_x$ 按下式计算：

$$\beta_{mx} M_x = \beta_{mqx} M_{qx} + \beta_{m1x} M_1 \qquad (4-20)$$

式中 M_{qx}——横向均布荷载产生的弯矩最大值；

M_1——跨中单个横向集中荷载产生的弯矩；

β_{m1x}——按式（4-17）计算的等效弯矩系数；

β_{mqx}——按式（4-18）或式（4-19）计算的等效弯矩系数。

2. 有侧移框架柱和悬臂构件

有侧移框架柱和悬臂构件，等效弯矩系数 β_{mx} 应按下列规定采用：

（1）有横向荷载的柱脚铰接的单层框架柱和多层框架的底层柱，$\beta_{mx} = 1.0$。

（2）除（1）规定之外的框架柱，β_{mx} 值按式（4-18）计算。

（3）自由端作用有弯矩的悬臂柱，β_{mx} 按下式计算：

$$\beta_{mx} = 1 - 0.36(1-m) \frac{N}{N_{cr}} \qquad (4-21)$$

式中 m——自由端弯矩与固定端弯矩之比，当弯矩图无反弯点时取正号，有反弯点时取负号。

对单轴对称截面的压弯构件（如 T 形、双角钢 T 形等），当弯矩作用于对称轴平面内且使较大翼缘受压时，较小翼缘有可能由于拉应力较大而先于受压区进入塑性状态而导致构件失去承载力。因此，除按式（4-16）计算外，还应按下式计算：

$$\left| \frac{N}{Af} - \frac{\beta_{mx} M_x}{\gamma_x W_{2x} \left(1 - 1.25 \frac{N}{N'_{Ex}}\right) f} \right| \leqslant 1.0 \qquad (4-22)$$

式中 W_{2x}——无翼缘端的毛截面模量；

γ_x——与 W_{2x} 相应的截面塑性发展系数。

其余符号意义同式（4-16），式中第二项分母中的 1.25 是经过与理论计算结果比较后引进的修正系数。

（二）弯矩作用平面外的稳定

压弯构件在弯矩作用平面外失稳前，既有轴压变形，又有弯矩作用平面内弯曲变形，屈曲时又产生侧向弯曲和扭转，因而其变形形态为以上四种变形的叠加。若再考虑初始缺陷的影响，则问题更加复杂。《钢结构设计标准》（GB 50017—2017）采用的相关公式是在理论分析的基础上结合试验结果建立的。压弯构件在弯矩作用平面外的稳定计算公式为：

$$\frac{N}{\varphi_y A f} + \eta \frac{\beta_{tx} M_x}{\varphi_b W_{1x} f} \leqslant 1.0 \tag{4-23}$$

式中　M_x——所计算构件段范围内的最大弯矩设计值；

$\qquad \varphi_y$——弯矩作用平面外的轴心受压构件的稳定系数，查附录四；

$\qquad \varphi_b$——均匀弯曲的受弯构件整体稳定系数，按附录三计算；

$\qquad \eta$——截面影响系数，对于闭口截面取 0.7，其他截面取 1.0。

等效弯矩系数 β_{tx} 应按下列规定采用：

（1）在弯矩作用平面外有支撑的构件，应根据两相邻支撑间构件段内的荷载和内力情况确定：

1）无横向荷载作用时，β_{tx} 应按下式计算：

$$\beta_{tx} = 0.65 + 0.35 \frac{M_2}{M_1} \tag{4-24}$$

2）端弯矩和横向荷载同时作用时，β_{tx} 应按下列规定取值：

使构件产生同向曲率时　　　　　　$\beta_{tx} = 1.0$

使构件产生反向曲率时　　　　　　$\beta_{tx} = 0.85$

3）无端弯矩有横向荷载作用时，$\beta_{tx} = 1.0$。

（2）弯矩作用平面外为悬臂的构件，$\beta_{tx} = 1.0$。

【案例 4-4】　某压弯构件受力、侧向支撑、截面尺寸如图 4-13 所示，钢材为 Q345B 钢，翼缘为火焰切割边；构件承受荷载设计值为 $F = 98\text{kN}$（标准值 $F_k = 70\text{kN}$），轴向压力 $N = 860\text{kN}$（标准值 $N_k = 645\text{kN}$）。试验算所用截面是否满足强度、刚度和整体稳定要求。

解：

钢材的设计强度 $f = 305\text{N/mm}^2$。

（1）计算内力。

$$M_x = \frac{Fl}{4} = \frac{98 \times 15}{4} = 367.5(\text{kN} \cdot \text{m}), N = 860\text{kN}$$

（2）截面几何特征。

$$A = 320 \times 15 \times 2 + 450 \times 10 = 14100(\text{mm}^2)$$

$$I_x = \frac{320 \times 480^3 - 310 \times 450^3}{12} = 5.95 \times 10^8(\text{mm}^4)$$

$$W_x = \frac{5.95 \times 10^8}{240} = 2.48 \times 10^6(\text{mm}^3)$$

$$I_y = \frac{2 \times 15 \times 320^3 + 450 \times 10^3}{12} = 8.2 \times 10^7(\text{mm}^4)$$

$$i_x = \sqrt{\frac{I_x}{A}} = \sqrt{\frac{5.95 \times 10^8}{14100}} = 205.4(\text{mm})$$

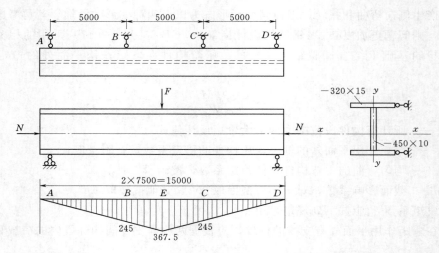

图 4 - 13 ［案例 4 - 4］图（尺寸单位：mm；弯矩图单位：kN·m）

$$i_y = \sqrt{\frac{I_y}{A}} = \sqrt{\frac{8.2 \times 10^7}{14100}} = 76.3 \text{(mm)}$$

（3）强度验算。

取 $\gamma_x = 1.05$。

$$\frac{N}{A_n f} + \frac{M_x}{\gamma_x W_{nx} f} = \frac{860 \times 10^3}{14100 \times 305} + \frac{367.5 \times 10^6}{1.05 \times 2.48 \times 10^6 \times 305} = 0.20 + 0.46 = 0.66 < 1.0$$

（4）弯矩作用平面内的稳定性验算。

$$\lambda_x = \frac{l_{ox}}{i_x} = \frac{15000}{205.4} = 73 < [\lambda] = 150$$

$$\lambda_x / \varepsilon_k = \lambda_x \sqrt{\frac{f_y}{235}} = 73 \sqrt{\frac{345}{235}} = 88.5$$

$\varphi_x = 0.632$（b 类截面），$\gamma_x = 1.05$。

$$N_{cr} = \frac{\pi^2 EI}{(\mu l)^2} = \frac{3.14^2 \times 2.06 \times 10^5 \times 5.95 \times 10^8}{(1.0 \times 15000)^2} = 5371 \text{(kN)}$$

$$\beta_{mx} = 1 - \frac{0.36 \times 860}{5371} = 0.94$$

$$N'_{Ex} = \frac{\pi^2 EA}{1.1\lambda_x^2} = \frac{3.14^2 \times 2.06 \times 10^5 \times 14100}{1.1 \times 73^2} = 4885.5 \text{(kN)}$$

代入式（4 - 16）得：

$$\frac{N}{\varphi_x A f} + \frac{\beta_{mx} M_x}{\gamma_x W_{1x} \left(1 - 0.8 \dfrac{N}{N'_{Ex}}\right) f}$$

$$= \frac{860 \times 10^3}{0.632 \times 14100 \times 305} + \frac{0.94 \times 367.5 \times 10^6}{1.05 \times 2.48 \times 10^6 \times \left(1 - 0.8 \times \dfrac{860}{4885.5}\right) \times 305}$$

$$= 0.32 + 0.51 = 0.83 < 1.0$$

（5）弯矩作用平面外的稳定性验算。

$$\lambda_y = \frac{l_{oy}}{i_y} = \frac{5000}{76.3} = 65.5 < [\lambda] = 150$$

$$\lambda_y / \varepsilon_k = \lambda_y \sqrt{\frac{f_y}{235}} = 65.5 \sqrt{\frac{345}{235}} = 79.4, \varphi_y = 0.692 (\text{b 类截面})$$

因为 $$\lambda_y = 65.5 < 120\varepsilon_k = 120 \sqrt{\frac{235}{345}} = 99.0$$

所以可用公式近似计算 φ_b（详见附录三）：

$$\varphi_b = 1.07 - \frac{\lambda_y^2}{44000\varepsilon_k^2} = 1.07 - \frac{65.5^2}{44000} \times \frac{345}{235} = 0.927$$

该构件是端弯矩和横向荷载同时作用，且使构件产生同向曲率，故取 $\beta_{tx} = 1.0$。

代入式（4-23）得：

$$\frac{N}{\varphi_y Af} + \eta \frac{\beta_{tx} M_x}{\varphi_b W_{1x} f} = \frac{860 \times 10^3}{0.692 \times 14100 \times 305} + 1.0 \times \frac{1.0 \times 367.5 \times 10^6}{0.927 \times 2.48 \times 10^6 \times 305} = 0.81 < 1.0$$

故满足要求。

三、压弯构件的局部稳定

实腹压弯构件要求不出现局部失稳者，其腹板高厚比、翼缘宽厚比应符合表 3-1 规定的压弯构件 S4 级截面要求。

工形和箱形截面压弯构件的腹板的高厚比超过表 3-1 规定 S4 级截面要求时，其构件设计应符合《钢结构设计标准》（GB 50017—2017）第 8.4.2 条的规定。

·········· 学 生 工 作 任 务 ··········

一、简答题

1. 轴心受拉构件和轴心受压构件满足承载能力极限状态的要求有何区别？

2. 提高轴心压杆的抗压强度能否提高稳定承载能力？为什么？

3. 轴心受压构件的稳定系数 φ 为什么要按截面形式和对应轴分成四类？同一截面关于两个主轴的截面类别是否一定相同？为什么？

4. 影响轴心受压构件的稳定验算公式中，长细比 λ 为什么取两方向的较大值？

5. 型钢制作的轴心受压构件是否要进行局部验算？

6. 提高稳定承载力的措施有哪些？

7. 轴心受压构件为什么要进行刚度计算？

8. 轴心受压构件满足整体稳定要求时，是否还进行强度计算？为什么？

9. 实腹式拉弯、压弯构件的强度计算公式是什么？

10. 计算实腹式压弯构件在弯矩作用平面内稳定和平面外稳定的公式中的弯矩取值是否一样？

11. 实腹式压弯构件中，翼缘板宽厚比的限值如何？

12. 对实腹式单轴对称截面的压弯构件，当弯矩作用在对称轴平面内且使较大翼缘受压时，其整体稳定性如何验算？

13. 轴心受压构件、拉弯和压弯构件、钢梁的刚度应如何计算？

14. 实腹式压弯构件截面设计的一般步骤有哪些？

15. 工字形截面压弯构件中，翼缘板宽厚比的限值如何？

二、选择题

1. 下列（ ）不是轴心受力构件。

A. 桁架   B. 塔架

C. 网架   D. 屋架

2. 轴心受拉构件的设计应满足（ ）。

A. 强度、刚度和局部稳定   B. 强度、刚度和整体稳定

C. 强度、刚度   D. 强度、刚度和稳定

3. 轴心受压构件的柱子曲线，一般截面情况属于（ ）。

A. a 类曲线   B. b 类曲线

C. c 类曲线   D. d 类曲线

4. 同样荷载普通轧制工字钢截面要比用焊接工字形截面约大 50%，这是因为普通轧制工字钢（ ）。

A. 承载能力由弱轴控制   B. 承载能力由强轴控制

C. 绕强轴的回转半径太小   D. 绕弱轴的回转半径太大

5. 压弯构件的设计应满足（ ）。

A. 强度、刚度和局部稳定   B. 强度、刚度和整体稳定

C. 强度、刚度   D. 强度、刚度、整体稳定和局部稳定

6. 拉弯和压弯构件的刚度验算用（ ）指标来控制。

A. $\lambda \leqslant [\lambda]$ B. $\upsilon \leqslant [\upsilon_{\mathrm{T}}]$

C. $\lambda_{\max} \leqslant [\lambda]$ D. $w \leqslant [w]$

三、计算题

1. 某水平放置两端铰接的 Q235 钢做成的轴心受拉构件，长 9m，截面为 $2\angle 100 \times 8$ 组成的肢尖向下的 T 形截面。试计算其所能承受的拉力设计值。

2. 试验算图 4-14 所示焊接工字形截面柱（翼缘为焰切边）。轴心压力设计值 $N = 4500$kN，柱的计算长度 $l_{\mathrm{ox}} = l_{\mathrm{oy}} = 6$m，钢材为 Q345，截面无削弱。

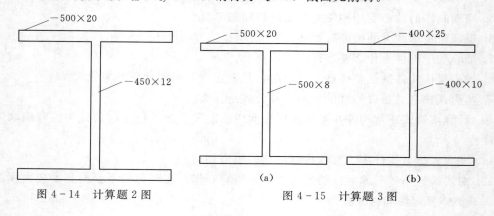

图 4-14 计算题 2 图   图 4-15 计算题 3 图

3. 图 4-15 所示两种截面（翼缘为焰切边）的截面面积相等，钢材为 Q235 钢，柱高 9m，两端铰接，截面无削弱。试分别计算这两种截面所能承受的最大轴心压力设计值，并加以比较。

4. 设计某工作平台轴心受压柱的截面尺寸。柱的计算长度 $l_{ox}=6m$，$l_{oy}=3m$，承受轴心压力设计值 $N=2000kN$，钢材为 Q345，截面无削弱。试设计此支柱的截面：①用普通轧制工字钢截面；②焊接工字形截面，翼缘板为焰切边。

5. 验算图 4-16 所示拉弯构件的强度和刚度，钢材为 Q235。

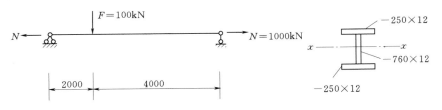

图 4-16　计算题 5 图（尺寸单位：mm）

6. 某两端铰接的拉弯构件，采用 I22a 工字钢，Q235 钢，承受轴心拉力设计值 $N=450kN$，构件长 6m，试问绕强轴能承受多大的横向均布荷载？绕弱轴又能承受多少？

7. 图 4-17 所示为一两端铰支焊接工字形截面压弯构件，翼缘为焰切边，杆长 9m，截面面积为 $A=8480mm^2$，$I_x=32997\times10^4 mm^4$，钢材为 Q235 钢，作用在杆上的轴向压力设计值 $N=800kN$，试由弯矩作用平面内的稳定性确定该杆所承受的最大弯矩 M。

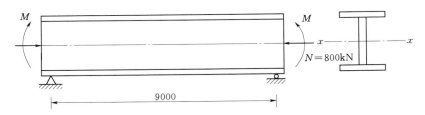

图 4-17　计算题 7 图（尺寸单位：mm）

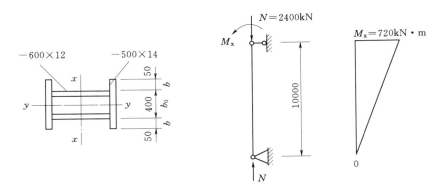

图 4-18　计算题 8 图（尺寸单位：mm）

8. 有一两端为双向铰接长 10m 箱形截面压弯构件，材料为 Q235 钢，截面尺寸和内力设计值如图 4-18 所示，验算其承载力。

9. 如图 4-19 所示为 Q235 钢焰切边的工字形截面柱，两端铰接，中间 1/3 处有侧向支撑，截面无削弱，构件承受轴向压力设计值 $N=900kN$（标准值 $N_k=675kN$）；跨中集中力设计值 $F=100kN$（标准值 $F_k=70kN$）。验算所用截面是否满足强度、刚度和整体稳定要求。

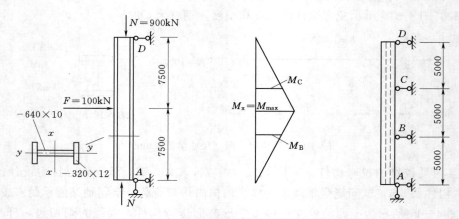

图 4-19　计算题 9 图（尺寸单位：mm）

项目五　平面钢闸门

学　习　指　南

工作任务

    （1）认识平面钢闸门的组成。

    （2）熟悉平面钢闸门的构造。

知识目标

    （1）熟悉钢闸门的分类。

    （2）了解钢闸门结构设计容许应力法。

    （3）熟悉平面钢闸门的组成。

    （4）理解平面钢闸门的结构布置。

    （5）熟悉平面钢闸门的构造。

技能目标

    （1）能正确识别平面钢闸门的组成。

    （2）能熟知平面钢闸门的构造。

任务一　概　　述

    闸门是水工建筑物中活动的挡水结构，其作用是封闭水工建筑物的孔口，根据需要开启或部分开启这些孔口，以调节上下游水位、宣泄洪水、引水发电、通航、过水、灌溉、排沙等。因此，闸门不仅是水工建筑物的重要组成部分，而且对水工建筑物的功能发挥和安全运行起着决定性作用。

一、闸门的类型

闸门的类型主要划分如下。

（一）按闸门的工作性质分

    （1）工作闸门。是承担主要工作并能在动水中启闭的闸门。

    （2）事故闸门。是闸门的上游（或下游）发生事故时，能在动水中关闭的闸门。当需要快速关闭时，也称为快速闸门，这种闸门在静水中开启。

    （3）检修闸门。是水工建筑物及设备检修时用以挡水的闸门，这种闸门在静水中启闭。

    （4）施工闸门。是指用来封堵施工导流孔口的闸门。这种闸门在动水中关闭。

（5）尾水闸门。常用在水电站或抽水站的尾水口。当机房发生事故需要检修或正常维修时，放下尾水闸门，抽干机坑内的水后进行检修。尾水闸门一般也是静水中启闭。

（二）按闸门设置部位分

（1）露顶闸门。当闸门在孔口关闭位置时，其门叶上缘高于挡水水位的闸门。

（2）潜孔闸门。当闸门在孔口关闭位置时，其门叶上缘低于挡水水位的闸门。

（三）按闸门的材料分

闸门按其承重结构所用材料，可分为钢闸门、钢筋混凝土和钢丝网水泥闸门、木闸门和球墨铸铁闸门等。

（四）按闸门的形式分

（1）平面闸门。是指一般能沿直线升降启闭、具有平面挡水面板的闸门。包括一块平面的整板及梁格式的平面闸门。根据门叶结构的运移方式又可分为直升式平面闸门、横拉式平面闸门（船闸中采用）、绕竖轴转动的人字闸门等。

（2）弧形闸门。是指启闭时绕水平支铰轴转动、具有弧形挡水面板的闸门。

二、设计方法和材料容许应力

（一）设计方法

《水利水电工程钢闸门设计规范》（SL 74—2019）规定钢闸门结构设计仍采用容许应力方法进行结构计算。设计闸门时，应将可能同时作用的各种荷载进行组合。荷载组合分为基本组合和特殊组合两类。基本组合由基本荷载组成，特殊组合由基本荷载和一种或几种特殊荷载组成，荷载组合应按表5-1采用。对于闸门的承载构件和连接件，应验算正应力和剪应力。在同时承受较大正应力和剪应力的作用处，尚应验算折算应力。计算的最大应力值不得超过容许应力的5%。对受弯构件，应验算其挠度。对受弯构件、受压构件和偏心受压构件，应验算整体稳定和局部稳定性。

表 5-1   荷 载 组 合 表

荷载组合	计算情况	荷 载											说　明
		自重	静水压力	动水压力	波浪压力	水锤压力	淤沙压力	风压力	启闭力	地震荷载	撞击力	其他出现机会较多荷载	其他出现机会较少荷载	
基本组合	设计水头情况	√	√	√	√	√	√	√	√			√		按设计水头组合计算
	地震情况	√	√	√	√	√	√			√				按设计水头组合计算
特殊组合	校核水头情况	√	√	√	√	√	√	√			√		√	按校核水头组合计算
	地震情况	√	√	√	√	√	√			√				按校核水头组合计算

注　"√"表示采用。

钢闸门实际是由板、梁、杆等组成的空间结构体系，可以使用计算机和结构优化原理进行闸门的选型和结构设计。但在实际工程中，对于中小型闸门按平面体系与按空间体系设计相差不大，普遍按平面体系进行设计。

（二）材料及其容许应力

闸门承重结构的钢材应根据闸门的性质、操作条件、连接方式、工作温度等不同情况选择其钢号和材质，其质量标准应符合 GB/T 700、GB/T 1591、GB 713、GB/T 714 规定的要求，并根据不同情况按表 5-2 采用。

表 5-2　　　　　　　　　　　　闸门及埋件常用钢号

项次	使 用 条 件		工作温度/℃	钢　　号
1	闸门部分	大型工程的工作闸门、大型工程的重要事故闸门、局部开启的工作闸门	$t>0$	Q235B、Q345B、Q390B
			$-20<t\leqslant0$	Q235C、Q345C、Q390D
			$t\leqslant-20$	Q235D、Q345D、Q390E
2		中、小型工程不作局部开启的工作闸门，其他事故闸门	$t>0$	Q235B、Q345B
			$-20<t\leqslant0$	Q235C、Q345C
			$t\leqslant-20$	Q235D、Q345D
3		各类检修闸门、拦污栅	$t\geqslant-30$	Q235B、Q345B
4	埋件部分	主要受力埋件	—	Q235B、Q345A、Q345B
5		按构造要求选择的埋件	—	Q235A、Q235B

注　1. 当有可靠根据时，可采用其他钢号。对无证明的钢材，经试验证明其化学成分和力学性能符合相应标准所列钢号的要求时，可酌情使用。
　　2. 非焊接结构的钢号，可参照本表选用。
　　3. 大型工程指Ⅰ等、Ⅱ等工程，中等工程指Ⅲ等工程，小型工程指Ⅳ等、Ⅴ等工程。

钢材的容许应力、焊缝的容许应力、螺栓连接的容许应力应分别按附表 1-8、附表 1-3、附表 1-5 采用。

对下列情况，附表 1-8、附表 1-3 和附表 1-5 的数值应乘以调整系数。

（1）大、中型工程的工作闸门及重要的事故闸门的调整系数为 0.9~0.95。

（2）在较高水头下经常局部开启的大型闸门的调整系数为 0.85~0.90。

（3）规模巨大且在高水头下操作而工作条件又特别复杂的工作闸门调整系数为 0.80~0.85。

上述系数不连乘，特殊情况应另行考虑。

三、平面钢闸门的组成

平面钢闸门一般由门叶结构、埋固构件和启闭闸门的机械设备三大部分所组成。平面钢闸门承受的水压力是沿下列途径传到闸墩上的：水压力→面板→水平次梁→竖直次梁→主梁→边梁→主轮（或滑道）→主轨道→闸墩。

（一）门叶结构

门叶结构是用来封闭和开启孔口的活动挡水结构。其中门叶结构由承重结构（面板、梁格、横向联结系、纵向联结系、支承边梁）、行走支承、止水和吊耳等部件组成。图 5-1 和图 5-2 分别为平面钢闸门门叶结构立体示意图和门叶总图。

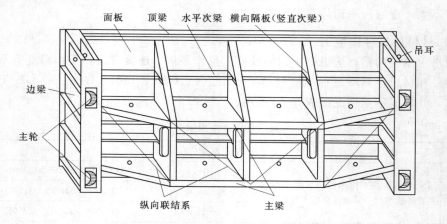

图 5-1 平面钢闸门门叶结构立体示意图

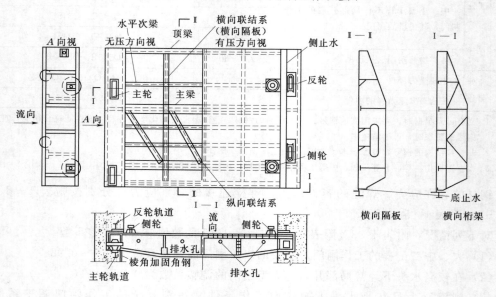

图 5-2 平面钢闸门门叶结构布置图

1. 面板

用来挡水并将承受的水压力传给梁格。面板通常设在闸门上游面，可以避免梁格和行走支承浸没于水中而聚集污物，也可减少因门底过水而产生的振动。为了设置止水方便，仅对静水启闭的闸门或当启闭闸门时门底流速较小的闸门，面板可设在闸门的下游面。

2. 梁格

梁格是由多个梁纵横排列而成的平面体系。其作用是支承面板、减小面板的计算跨度，从而达到满足设计要求又减小板厚的目的。平面钢闸门的梁格由主梁、次梁（包括水平次梁、竖直次梁、顶梁、底梁）和边梁组成。作用在闸门上的水压力通过面板传给次梁，再由次梁传给主梁及闸墩。

3. 横向和纵向联结系

横向联结系布置在垂直于闸门跨度方向的竖向平面内，其形式一般有实腹隔板式［图5-2（Ⅱ—Ⅱ）］和桁架式［图5-2（Ⅰ—Ⅰ）］。

横向联结系的作用：①承受水平次梁（包括顶梁和底梁）传来的水压力，并将它传给主梁；②当水位变化等原因引起各主梁受力不均时，横向联结系可协调主梁的受力并保证闸门的竖向刚度。

纵向联结系布置在闸门下游面，由主梁（主桁架）的下翼缘（或下弦杆）、横向联结系的下翼缘（或下弦杆）和另设的斜杆组成。其形式有刚架式和桁架式。纵向联结系支承在边梁上。

纵向联结系的作用：①承受闸门的自重及其他竖向荷载（如门顶的水柱重）；②保证闸门在竖向平面内的刚度；③与主梁构成封闭的空间结构体系，承受偶然作用对闸门引起的扭矩。

4. 行走支承

为保证门叶结构的安全运行和在门槽中上下移动的灵活性，需要在边梁上设置滚轮或滑块，以减小移动时的摩擦阻力。行走支承包括主行走支承（主轮或主滑块）和侧向支承（侧轮）及反向支承（反轮）等三部分。主行走支承将闸门面板所承受的全部水压力传到设于门槽内的轨道上。侧向和反向支承则用以保证闸门沿门槽上、下移动时的正常位置，防止发生过大的偏斜、碰撞和振动等。

5. 止水

为防止闸门漏水，在门叶结构与孔口周围之间的所有缝隙需设置止水（也称水封）。最常用的止水是固定在门叶结构上的定型橡皮止水。

6. 吊具与吊耳

吊具是用来连接闸门吊耳和启闭机的牵引构件。吊具一般有柔性钢索、劲性拉杆和劲性压杆等。吊耳位于门叶结构上部，承受闸门的全部启闭力（图5-1）。

（二）埋固构件

门槽的埋设构件主要有：行走支承的轨道（包括主轮、侧轮和反轮轨道）、与止水橡皮相接触的型钢、门槽的护角和底槛等（图5-2）。

（三）闸门启闭机械

常用的闸门启闭机有卷扬式、螺杆式和液压式三种。根据启闭机是否能够移动分为固定式和移动式两种。

一般情况下，小型闸门常用螺杆式启闭机，大中型闸门常采用卷扬式启闭机或油压式启闭机。对于启闭机形式的选择应综合考虑闸门的形式、尺寸和启闭力以及孔口的数量和运行条件等因素。

任务二　平面钢闸门的结构布置

平面钢闸门结构布置的主要任务是：确定闸门上需要设置的构件，每种构件需要的数目以及确定每个构件所在的位置等。结构布置是否合理，直接关系到闸门能否达到安全运行、使用方便、操作灵活、经久耐用、节约材料、构造简单和制造方便等要求。

一、主梁布置

1. 主梁数目

主梁是闸门的主要承重构件，其数目主要取决于闸门的尺寸和水头大小。当闸门的跨度 L 不大于高 H（$L \leqslant H$）时，主梁数目一般多于两个，称为多主梁式。反之，当闸门的跨度较大，而门高较低时，主梁数目宜为两个，称为双主梁式。双主梁式闸门结构简单，受力明确，制造和安装方便，在大跨度露顶式闸门中经常采用。

2. 主梁的位置

主梁的位置一般按等荷载条件布置，即沿闸门高度，每一根主梁所承受的水压力相等。这样每根主梁可采用相同的截面尺寸，便于制造，但同时应考虑以下因素：

（1）主梁间距应适应制造、运输和安装条件。

（2）主梁间距应满足行走支承布置要求。

（3）底主梁至底止水的距离应符合底缘布置图的要求。

如实腹式工作闸门和事故闸门的底部主梁至底止水边缘要保持一定距离，使下游翼缘到底止水边缘连线的夹角 α 不应小于 $30°$（图 5 - 3），以免闸门开启时水流冲击底梁即在底梁下方产生负压引起振动。当 $\alpha \leqslant 30°$ 时，应对闸门底部采取补气措施，同时对部分利用水柱的平面闸门，其上游倾角 β 不应小于 $45°$，宜采用 $60°$。保证门底水的射流不致冲击主梁腹板而形成真空，进而引起闸门振动。

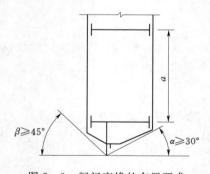

图 5 - 3　闸门底缘的布置要求

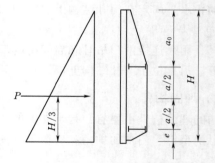

图 5 - 4　双主梁式闸门

双主梁式闸门的主梁位置应对称于静水压力合力 P 的作用线（图 5 - 4），在满足上述构造要求的前提下，主梁的间距 a 值宜尽量大些，且使上主梁至门顶的悬臂距离 a_0 不宜太大，一般要求 $a_0 \leqslant 0.45H$，宜不大于 3.6m，以保证横向联结系悬臂部分有足够的刚度。

二、梁格布置

1. 梁格的形式

梁格的布置应尽可能使各区格面板的计算厚度接近相等，并使面板和梁格的总用钢量最少。平面钢闸门的梁格布置主要有以下三种形式。

（1）简式梁格。如图 5-5（a）所示，简式梁格只有主梁，没有次梁，面板直接支承在主梁上。这种梁格传力明确，制造省工，适用于跨度小而门高大的闸门，但当主梁间距较大时，需要的面板厚度较大。

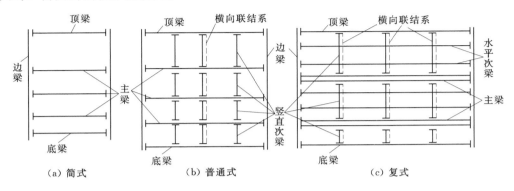

图 5-5 梁格布置图

（2）普通式梁格。如图 5-5（b）所示，当闸门跨度较大时，主梁间距将随之增大，为了减少面板厚度，在主梁之间布置竖向次梁，以减小面板的区格，面板的水压力将先通过次梁传给主梁，然后再传给支承边梁。这种梁格适用于中等跨度的闸门。

（3）复式梁格。如图 5-5（c）所示，当主梁的跨度和间距更大时，宜在竖向次梁之间再设置水平次梁，以使面板厚度保持在经济合理的范围之内，这种梁格适用于大跨度露顶闸门。

2. 次梁的布置

竖直次梁通常按等间距布置，并应与主梁的形式和横向联结系的布置相配合。当横向联结系采用隔板时，横向隔板可兼作竖直次梁；当横向联结系采用桁架式时，其上弦杆可兼作竖直次梁。当主梁采用桁架时，竖直次梁一般应布置在主桁架的节点上，其间距即为主桁架的节间长度。

水平次梁的间距应随水压力的变化布置成上疏下密，间距一般为 0.4~1.2m。

3. 联结系的布置

横向联结系的布置也应与主桁架的形式相配合。通常可在主桁架上隔一个或两个节点布置一道横向联结系，而且必须布置在具有竖杆的节点上，为了保证闸门的横剖面具有足够的抗扭强度，横向联结系的间距一般不宜大于 4~5m。

纵向联结系一般布置在主梁弦杆或翼缘之间的两个竖直平面内，以保证主梁的整体稳定。

三、梁格的连接形式

梁格的连接形式如图 5-6 所示，有齐平连接、降低连接和层叠连接三种。

1. 齐平连接

如图 5-6（a）所示，水平次梁、竖直次梁与主梁的上翼缘表面齐平，且与面板直接连接，称为齐平连接，也称等高连接，其特点是梁格与面板为刚性连接，把面板视为梁截

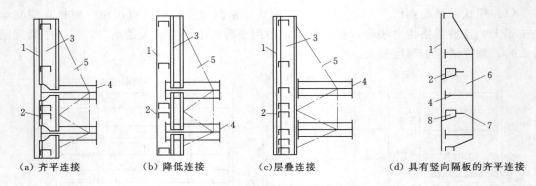

（a）齐平连接　　（b）降低连接　　（c）层叠连接　　（d）具有竖向隔板的齐平连接

图 5-6　梁格连接的形式

1—面板；2—水平次梁；3—竖直次梁；4—主横梁；5—竖向联结系；

6—竖向隔板；7—加劲肋；8—开孔

面的一部分，并参与梁的工作，保证了梁的整体稳定性，节省梁格的用钢量；同时，面板为四边支承板，受力条件好。但是，当水平次梁遇到竖直次梁，水平次梁需断开再与竖直次梁连接，竖直次梁遇到主梁时也需要断开。因此，构件多、接头多、制造费工，所以现在多采用横隔板兼作竖直次梁［图 5-6（d）］。由于横隔板截面尺寸较大，强度富裕较多，故可以在横隔板上开孔，使水平次梁直接从孔中穿过而成为连续梁，从而改善了水平梁的受力条件，也简化了接头的构造。

2. 降低连接

如图 5-6（b）所示，主梁与水平次梁直接与面板相连，而竖直次梁则离开面板降低到水平次梁下缘，使水平次梁支承在竖直次梁上形成连续梁。此时面板为两边支承板，面板和水平次梁都可视为主梁截面的一部分，参与主梁的抗弯工作。

3. 层叠连接

如图 5-6（c）所示，水平次梁与竖直次梁直接与面板相连，主梁放在竖直次梁的下缘，其特点是面板为四边支承板，受力条件好，同时使竖直次梁成为连续梁，而且简化了它与主梁的连接构造。但是，由于主梁没有与面板直接相连，使得主梁的刚度和抗震性能削弱；同时这种连接增加了闸门的总厚度，使门槽的宽度和边梁截面尺寸相应加大。因此，这种连接形式在平面钢闸门中很少采用。

四、边梁的布置

边梁的截面形式有单腹式和双腹式两种（图 5-7）。单腹式边梁构造简单，便于与主梁连接，但抗扭刚度较小，对于因闸门弯曲变形、温度变化及其他偶然作用等引起的边梁受扭作用不利。因此，单腹式边梁主要适用于滑道式支承的小型闸门；对于悬臂轮式的小型定轮闸门也可以采用单腹式边梁，但必须在边梁腹板内侧的两主梁之间增加一道轮轴支承板。

双腹式边梁的抗扭刚度大，便于设置滚轮和吊轴，但构造复杂、截面内部焊接困难、用钢量大。双腹式边梁广泛用于大跨度和深孔的定轮闸门。

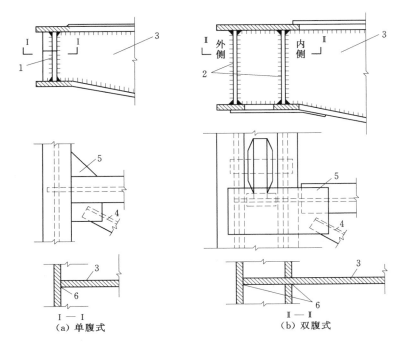

图 5-7　边梁的截面形式及连接构造

1—单腹板边梁；2—双腹板边梁；3—主梁腹板；4—纵向联结系；5—扩大节点；6—K 形焊缝

任务三　平面钢闸门的构造

一、门叶

（一）面板

面板一方面直接承受水压力并把它传给梁格，另一方面参与承重结构的整体工作。

闸门面板从上到下每个区格厚度初选之后，若各个区格之间的板厚相差较大，应适当调整区格，重新计算，直至各个区格所需板厚大致相等。常用的面板厚度为 8~16mm，一般不小于 6mm，同时考虑工作环境、防腐条件等因素，增加 1~2mm 腐蚀裕度。

（二）次梁

闸门中的水平次梁，一般采用角钢或槽钢，它们宜肢尖朝下与面板相连［图 5-8（a）］以免因上部形成凹槽积水积淤而加速钢材腐蚀。竖直次梁常采用工字钢［图 5-8（b）］或实腹隔板，闸门中承重构件的截面规格一般不小于∠50×6 的等边角钢、∠63×40×6 的不等边角钢、I12.6 的工字钢和 [8 的槽钢。

（三）主梁

主梁是平面闸门中的主要受力构件，根据闸门的跨度和水头大小，主梁的形式有型钢梁、组合梁和桁架。

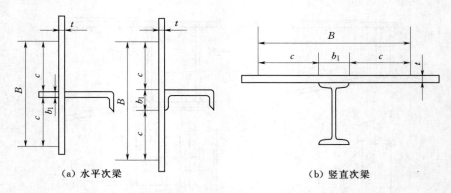

（a）水平次梁　　　　　　　　　（b）竖直次梁

图 5-8　次梁截面形式及面板兼作梁翼缘的有效宽度

型钢梁用于小跨度低水头的闸门。对中等跨度（5～10m）的闸门常采用组合梁，同时，为缩小门槽宽度和节约钢材，采用变高度的主梁（图 5-9）。

对于大跨度的露顶闸门，主梁可采用桁架形式（图 5-10）。桁架节间应取偶数，以便闸门所有杆件都对称于跨中，并便于布置主桁架之间的联结系。为避免弦杆承受节间集中荷载，宜使竖直次梁的间距与桁架节间尺寸相一致，桁架高度一般为桁架跨度的 1/8～1/5。

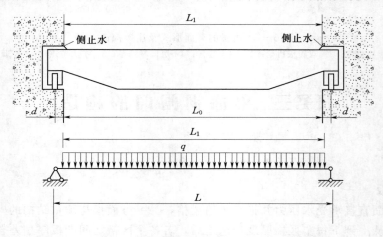

图 5-9　侧止水布置在闸门上游时主梁的计算简图

（四）横向联结系和纵向联结系

1. 横向联结系

横向联结系可布置在每根竖直次梁所在的竖向平面内，或每隔一根竖直次梁布置一个。横向联结系应对称于闸门中心线布置，间距一般不大于 4m，数目宜取单数。对直升式钢闸门，横向联结系通常按等间距布置。当闸门的支承采用悬臂式滚轮时，由于边梁的内腹板偏离滚轮的中心线，因而在靠近边梁处，联结系常取较小的间距。

横向联结系的形式有隔板式和桁架式两种（图 5-11），当主梁高度和间距不大时，多采用实腹式竖向隔板；对多主梁的闸门，也多采用竖向隔板 [图 5-11（a）]。对主梁高度及间距都较大的双主梁闸门，常采用桁架式横向联结系 [图 5-11（b）、（c）、（d）]

（也称为横向桁架）。

横向隔板的截面高度与主梁截面高度相同，隔板厚度通常不大于 8～10mm，不再另设翼缘，隔板直接与面板和主梁的腹板焊牢，横向隔板的下翼缘一般用宽度 100～200mm、厚度 10～12mm 的扁钢制成。这种由构造要求所确定的横向隔板的应力一般很小，可不进行强度计算。为了减轻闸门重量，并增强隔板的局部稳定性，一般可在隔板的中部开孔，并在孔的周围焊上扁钢条来加强其刚度［图 5－11（a）］。若水平次梁支承在隔板上，则应在次梁处设置支承加劲肋。

2. 纵向联结系

纵向联结系位于闸门各主梁下翼缘之间的竖平面内。

纵向联结系多为桁架式，其弦杆为上、下主梁的下翼缘或主桁架的下弦杆，它的竖杆为横向桁架的下弦杆或横向隔板的下翼缘，只有斜杆是另设的。该桁架由闸门两侧的边梁支承。

在跨度较小、主梁数目较多的闸门中，纵向联结系可采用人字形斜杆或交叉斜杆以及刚架等形式（图 5－12）。

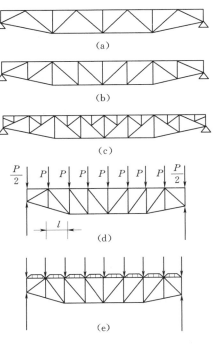

图 5－10　平面闸门主桁架形式
及计算简图

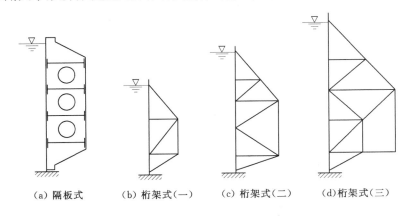

图 5－11　横向联结系的形式

（a）隔板式　（b）桁架式（一）　（c）桁架式（二）　（d）桁架式（三）

（五）边梁

边梁是设在平面钢闸门两侧的竖直构件，主要用来支承主梁和边跨的顶梁、底梁、水平次梁以及起重桁架等，并在边梁上设置行走支承（滚轮或滑块）和吊耳。

边梁的截面尺寸一般是按照构造要求确定的，其截面高应与主梁端部高相等（图 5－7），其腹板厚度亦等于主梁端部腹板的厚度，常为 8～14mm，翼缘厚度应比腹板厚度大 2～6mm，可利用板面作为上翼缘，也可另设单独的上翼缘板。

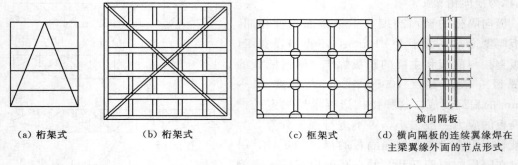

(a) 桁架式　　　　(b) 桁架式　　　　(c) 框架式　　　(d) 横向隔板的连续翼缘焊在
　　　　　　　　　　　　　　　　　　　　　　　　　　　　　　主梁翼缘外面的节点形式

图 5-12　纵向联结系的形式

1. 单腹式边梁

单腹式边梁的下翼缘宽度由滑块或滚轮的要求而定，一般不宜小于 300mm。双腹式边梁的两个下翼缘通常用宽度 100～200mm 的扁钢制成，为便于在两块腹板之间施焊和安装滚轮，两块腹板之间的距离不应小于 300～400mm。单腹式边梁通常为沿闸门高度连续的实腹梁。主梁或水平次梁与边梁采用等高连接，主梁端部的腹板可直接用 K 形对接焊缝焊于边梁的腹板上，也可用连接角钢和螺栓与边梁的腹板相连。

2. 双腹式边梁

双腹式边梁的外腹板沿闸门高度一般为一整块钢板，而内腹板则在与主梁连接处断开，可用 K 形焊缝焊在主梁腹板上，这样，主梁的腹板就能伸入边梁内部，而与边梁的外腹板用 K 形焊缝连接［图 5-7（b）］。为提高双腹式支承边梁的抗扭刚度，最好把双腹式边梁制成闭合截面，在不妨碍双腹板内施焊的情况下，可沿边梁下翼缘每隔一定距离设置联系板（缀板），同时在双腹板边梁内设置隔板。对于不封闭的截面，可沿边梁下翼缘每隔一定距离设置缀板和隔板。

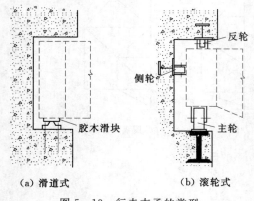

(a) 滑道式　　　　(b) 滚轮式

图 5-13　行走支承的类型

（六）行走支承

闸门的行走支承有滑道式和滚轮式两类（图 5-13）。

工作闸门和事故闸门宜采用滚轮或滑道支承。检修闸门和启闭力不大的工作闸门，可采用钢或铸铁等材料制造的滑块支承。

常用的滚轮支承有悬臂轮、简支轮、多滚轮和台车等类型，一般多采用简支轮；当荷载不大时，可采用悬臂轮；当支承跨度较大时，可采用台车或其他形式支承；当荷载较大时，也可采用多滚轮。行走支承承受闸门全部的水压力并将之传给轨道。同时，为了使闸门在闸门槽中移动顺畅，还须在门叶上设置导向装置——反轮和侧轮。

1. 滑道支承

滑道支承制造简单、安装使用方便、摩擦系数小、强度高、有较好的防水性和耐久性，广泛应用于中小型闸门。但滑道支承较滚轮支承摩阻力大，使启闭力和启闭设备的起重量增加。为了减小摩阻力，目前广泛采用压合胶木滑道。

胶木是一种以桦木片浸渍酚醛树脂后，经过高温高压处理制成的胶合层压木材料。它具有较高的机械强度，较低的摩擦系数和良好的加工性能、防水性和耐久性。当压合胶木有一定的横向挤压力时，其顺纹承压强度可达 $160N/mm^2$，它与光滑的不锈钢轨道之间的最大动摩擦系数仅为 0.10～0.17。

胶木滑道的形式有装配式和镶嵌式两种。前者用于小型闸门，后者用于大中型工作闸门。

镶嵌式压合胶木滑块是将总宽度为 100～150mm 的三条胶木以一定侧向公差值压入宽度稍小的铸钢夹槽中［图 5-14（a）、（b）］，使胶木得到侧向预压，承压方向为胶木顺木纹方向的端面。三条胶木的总宽度应比夹槽宽度大 1.3%～1.7%，这样可以使胶木受到足够的横向挤压力以提高其承压面的强度。

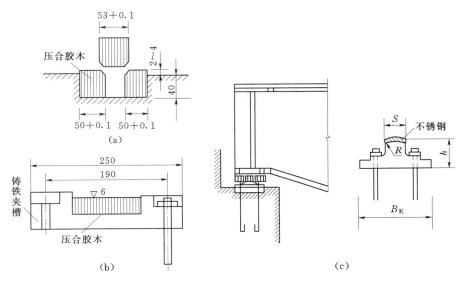

图 5-14　胶木滑道构造图（尺寸单位：mm）

胶木在压入夹槽前应进行干燥处理，其含水率不得大于 5%，压入后的胶木表面应略高于槽面［图 5-14（a）］，然后再将其加工至低于槽面 2～4mm，加工的粗糙度应达到 $3.2\mu m$［图 5-14（b）］，加工后表面应用润滑脂保护，最后用螺栓将钢夹槽固定到边梁上。

装配式胶木滑道是采用角钢作夹槽，用螺栓将滑块和角钢连接，通过拧紧螺栓对滑板施加一侧向压力。这种形式简单可靠，但侧向压力较小，主要用于中小型闸门。

支承胶木滑道块的钢轨表面常做成圆弧形［图 5-14（c）］。为减少摩阻力，在弧形钢轨顶面堆焊或喷涂一层 3～5mm 的不锈钢，再加工磨光表面到 6～7 级光洁度，加工后的不锈钢厚度应不小于 2～3mm。

2. 滚轮支承

滚轮支承的形式主要有定轮式和台车式两种（图 5-15）。轮子位置最好等荷载布置，而且最好在每个边梁上只布置两个支承点。当轮子荷载过大，难于布置和制造时，可采用

多滚轮式支承 [图5-15 (c)] 或台车式支承 [图5-15 (d)]。

多滚轮定轮支承可降低轮压，便于布置，缺点是轮压不易均布。台车式支承可使每侧边梁支承点仍保持为两个，但相应的滚轮可增加至4个及以上，轮压明显降低。由于台车构造复杂，重量大，适用于跨度大于12~14m的平面闸门。

定轮支承又可分为悬臂轴式 [图5-15 (a)] 和简支轮式 [图5-15 (b)、(c)]。

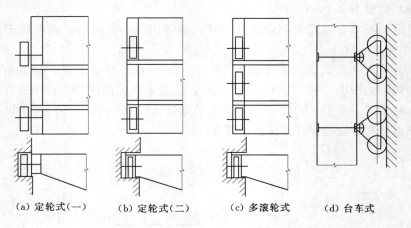

(a) 定轮式(一)　　(b) 定轮式(二)　　(c) 多滚轮式　　(d) 台车式

图5-15　滚轮式支承

(1) 悬臂轴式。用悬臂轴将滑动轴承的滚轮或滚动轴承的滚轮装在边梁的外侧 [图5-15 (a) 和图5-16]，悬臂轮的优点是轮子的安装和检修比较方便，所需门槽深度较小。但悬臂轴增大，边梁外侧腹板的支承压力并使边梁受扭，悬臂轴的弯矩较大，适用于小型闸门，每个悬臂轮所受轮压宜在500~1000kN以下。

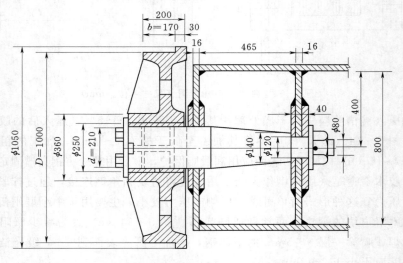

图5-16　悬臂轴式定轮（单位：mm）

(2) 简支轮式。当闸门的水头和孔口都较大时，宜将轮子装在边梁的两块腹板之间 [图5-15 (b)]，简支轮的位置也必须同主梁错开，而且轮缘与主梁腹板之间应留有一定间隙。这种简支轴避免了上述悬臂轴的缺点，在工程上应用较多。

滚轮的材料，对于小型闸门常采用铸铁。当轮压较大（超过 200kN）时，必须采用碳钢或合金钢。

轮压在 1200kN 以下时，可选用普通碳素铸钢，如 ZG230 - 450、ZG270 - 500 等；超过 1200kN 则可选用合金铸钢，如 ZG35CrMo、ZG50Mn2 等。轮子的表面还可根据需要进行硬化处理，以提高表面硬度。滚轮的硬度应略低于轮道硬度。

轮子的主要尺寸为轮径 D 和轮缘宽度 b（图 5 - 17），其大小取决于轮缘与轨道之间的接触应力情况。轮子直径 D 通常为 300～1000mm，轮缘宽度 b 通常为 80～150mm。

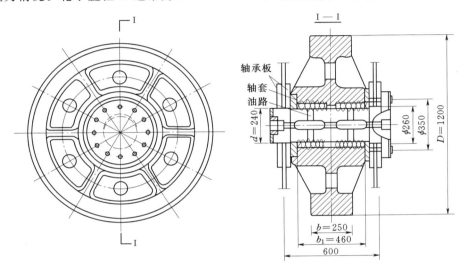

图 5 - 17 简支轴式定轮（单位：mm）

3. 导向装置——侧轮和反轮

闸门启闭时，为了防止闸门在闸槽中因左右倾斜而被卡住或前后碰撞，并减少门下过水时的振动，需设置导向装置——侧轮和反轮（图 5 - 18）。侧轮和反轮可采用滚轮式和滑块式。

侧轮的作用是防止闸门主轮脱轨并防止闸门因起吊不均衡引起歪斜而卡在槽内。侧轮设在闸门的两侧，每侧上下各一个，侧轮的间距应尽量大，以承受因闸门左右倾斜时引起的反力 [图 5 - 18（c）]。在深孔闸门中，由于孔口上部有胸墙，侧轮应设在闸门两侧的闸槽内 [图 5 - 18（a）]，在露顶闸门中侧轮可以设在孔口之间闸门边部的构件上 [图 5 - 18（b）]，侧轮与其轨道间的空隙为 10～20mm。

反轮设在与主轮相反的一面，承受由偏

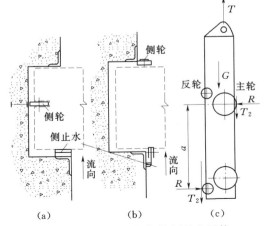

图 5 - 18 平面钢闸门的侧轮和反轮

心拉力作用下闸门发生前后倾斜时的反力 R [图 5-18 (c)]。反轮与轨道间的空隙为 15～30mm。对于跨度较大、水头较高、动水启闭的闸门，门顶需要溢水的闸门以及电站的尾水闸门，在闸门移动时，为了减少振动，常把反轮安装在板式弹簧上或把反轮安装在具有橡皮垫块的缓冲车架上，使反轮紧贴在轨道上。在中小型闸门中常利用悬臂式主轮兼作反轮，可不另设反轮，反轮也可用滑块制作，以减小门槽宽度并便于布置侧向止水，但摩擦阻力较大。

（七）止水

闸门止水装置一般安装在门叶上，以便维修更换，如需将止水安设在埋件上，则应提供维修更换的条件。止水按其装设位置可分为顶止水、侧止水、底止水和中间止水。露顶闸门中仅有侧止水和底止水；潜孔闸门上除侧止水、底止水外，还有顶止水。当闸门孔口高度很大而采用分段闸门时，在各段闸门之间尚须设置中间止水。

各部位的止水装置应具有连续性和严密性。

对于大跨度上游止水的潜孔闸门，其顶止水装置应考虑顶梁弯曲变形的影响。

常用的止水材料为橡皮，其次为木材和金属。近年来也常采用复合材料（附录八）。止水橡皮一般可选用定型产品，底止水一般为刀型水封，侧止水和顶止水常用 P 形橡皮（图 5-19），它们用垫板与压板夹紧在用螺栓固定到道门叶上。止水压板的厚度不宜小于 10mm，小型闸门可适当减薄。固定水封的螺栓直径一般为 14～20mm，间距宜小于 150mm。止水橡皮的设置方向应根据水压力方向而定，一般要求止水橡皮在受到水压后，能使其圆头压紧在止水座上。考虑到闸门及埋件在制造、安装、施工过程中可能产生的累计误差以及闸门承受水压后变形，对侧、顶止水橡皮采用预留 2～4mm 的压缩量。

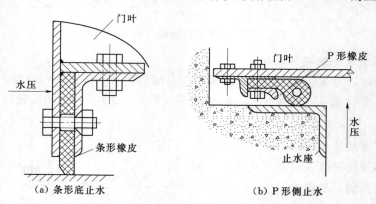

（a）条形底止水　　　　　　　（b）P 形侧止水

图 5-19　橡皮止水的构造图

止水橡皮的设置位置与胸墙的位置、孔口的高程及闸门的操作方式等有关。露顶闸门的侧止水与底止水通常随面板的位置设置，如当面板设在上游时，这些止水也设在上游面（图 5-19）。潜孔闸门的止水布置与胸墙位置有关。当胸墙在闸门的上游面时，侧止水应布置在门槽内，顶止水布置在上游面 [图 5-20 (b)、(c)]；当闸门的跨度较大时，可选用图 5-20 (c) 的形式，使顶止水转动产生较大的变形以适应门叶结构受力变形的要求。

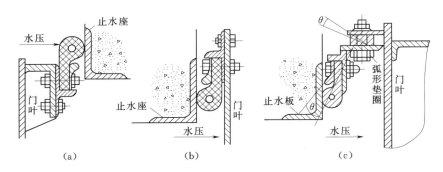

图 5-20 顶止水

在门体止水橡皮紧贴与混凝土的部位，应埋设表面光滑平整的钢质止水座，以满足止水橡皮与之贴紧后不漏水，并减少橡皮滑动时的磨损。近年来，大多工程在钢质止水座的表面再焊一条不锈钢条（图 5-21）。

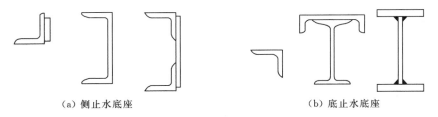

图 5-21 止水形式

（八）吊耳

吊耳是连接闸门与启闭机的部件。吊耳应设在闸门重心与行走支承之间的闸门隔板或边梁顶部，并尽量设在闸门重心线上。根据闸门孔口的大小、宽高比、启闭力、闸门及启闭机布置形式等因素，闸门可采用单吊点或双吊点。当闸门的宽高比大于 1.0 时，宜采用双吊点。直升式平面闸门的吊耳，一般采用一块或两块钢板做成，设轴孔与吊轴相连接（图 5-22）。

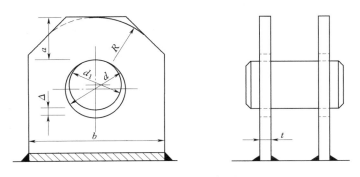

图 5-22 吊耳的构造

在设计中，应优先选用自动挂脱梁和高扬程启闭机，尽量避免选用吊杆，便于运行、安装和维修。当选用吊杆时，吊杆的分段长度应按孔口高度、启闭机的扬程和对吊杆装拆、换向等要求确定。

二、埋件

闸门埋件应能将闸门所承受的荷载安全地传递到混凝土（或其他材料）中去。

门槽一期混凝土面与门叶间应有不小于 100mm 的距离。门槽高度小于 10m 的可适当减小。

闸门埋件应采用二期混凝土安装。二期混凝土宜有足够的尺寸。用于安装埋件和锚固二期混凝土的锚筋，其直径不宜小于 16mm，伸出一期混凝土面的长度不宜小于 150mm。低水头小孔口闸门埋件所用的锚筋，其直径及外伸长度可适当减小。

三、启闭机

启闭机是控制闸门的门叶开启或关闭的机械设备。水工结构和设备所应用的启闭机主要有固定式和移动式两种。

1. 固定式启闭机

固定式启闭机用于各闸门的单独操作，启闭机通过柔性拉杆或刚性拉杆与闸门的活动部分固定连接，以便传递提升力（牵引力）。根据牵引构件的形式分为卷扬式、螺杆式、齿条式和曲柄连杆式；根据吊点的数量分为单吊点和双吊点；根据驱动装置的布置方式分为集中驱动和分散驱动（仅用于双吊点启闭机）。

（1）卷扬式启闭机的牵引构件是钢丝绳，启闭机的吊具重量轻，而闸门的提升速度较快。主要用于操作依靠闸门自重、水柱或其他加重方式关闭孔口的闸门，一般布置为一机一门。

（2）链式启闭机采用铰接的片式链条作为牵引构件，同卷扬式启闭机的吊具相比，链条可随意布置在闸门槽内，且工作链条的尺寸也较小。但空载时为张紧链条需加配重以及为防止链条与水接触设置收链装置（如竖井）等。链式启闭机主要用于操作露顶式工作闸门。

（3）螺杆启闭机主要用于操作尺寸不大的平面闸门，包括需要闭门力的闸门。螺杆启闭机除电力驱动外，往往还装有手动驱动装置。由于带有螺旋副的齿轮传动系统布置紧凑，所以螺杆启闭机的外形尺寸不大，因而便于将启闭机布置在比较狭窄的闸墩、工作桥及其他建筑上，单螺杆启闭机的效率低，且螺旋副的磨损也比较大，适用于其比例小于 200kN 的闸门。

2. 移动式启闭机

移动式启闭机用以完成水工建筑物运行期间一组闸门的轮流操作。根据安装部位的不同，移动式启闭机可采用门式、半门式和桥式起重机双轨小车，单梁起重机，电动葫芦以及履带式起重机等。

3. 启闭机的型号

我国水利水电工程平面闸门常用的启闭机有螺杆式启闭机、卷扬式启闭机和液压式启闭机等，QP 型卷扬式启闭机型号表示方法如下：

如 QP-1000-11/20 表示单吊点启门力为 1000kN、低扬程为 11m、中扬程为 20m 的

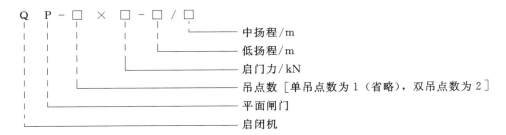

卷扬式启闭机。又如双吊点启门力为 $2×1000kN$、低扬程 11m、中扬程 20m 启闭机型号为 $QP - 2×1000 - 11/20$。

该型号适用于水利水电工程中启闭平面闸门的电动卷扬式启闭机。

学 生 工 作 任 务

一、简答题

1. 平面钢闸门根据其工作性质分哪几种类型？它们的启闭方式有何区别？

2. 平面钢闸门由哪几部分组成？门叶结构又由哪些构件和部件组成？

3. 作用在闸门上的水压力是通过什么途径传至闸墩的？

4. 平面钢闸门主梁的数目如何确定？

5. 梁格的布置形式有几种？各适用于什么情况？

6. 梁格齐平（等高）连接和降低连接各有何优缺点？

7. 闸门联结系有哪几种？各有什么作用？

8. 边梁的受力情况和工作特点如何？单腹式和双腹式边梁各适用于什么情况？

9. 平面闸门行走支承有哪两大类？它们的构造形式和计算特点有何区别？

10. 闸门的止水有何作用？止水如何分类？

11. 平面闸门常用的启闭机有哪几种形式？各自有何特点？

12. 卷扬式启闭机的型号如何表示？

二、选择题

1. 当闸门在孔口关闭位置时，其门叶上缘高于挡水水位的闸门是（　　　）。

A. 潜孔闸门　　　　　　　　　　B. 露顶闸门

C. 事故闸门　　　　　　　　　　D. 平面闸门

2. 平面钢闸门组成不包括（　　　）。

A. 门叶结构　　　　　　　　　　B. 埋固构件

C. 启闭机械　　　　　　　　　　D. 钢管

3. 不属于平面钢闸门的梁格的是（　　　）。

A. 主梁　　　　　　　　　　　　B. 面板

C. 次梁　　　　　　　　　　　　D. 边梁

4. 不属于纵向联结系组成部分的是（　　　）。

A. 主梁（主桁架）的下翼缘（或下弦杆）

B. 横向联结系的下翼缘（或下弦杆）

C. 另设的斜杆

D. 实腹隔板

5. （　　）不属于行走支承。

A. 主行走支承（主轮或主滑块）　　　　B. 轨道

C. 反向支承（反轮）　　　　D. 侧向支承（侧轮）

6. （　　）不属于梁格连接形式。

A. 提高连接　　　　B. 齐平连接

C. 降低连接　　　　D. 层叠连接

7. 露顶闸门不包括（　　）。

A. 底止水　　　　B. 侧止水

C. 顶止水　　　　D. 橡皮止水

8. （　　）不属于滚轮支承的形式。

A. 装配式　　　　B. 胶木滑道

C. 定轮式　　　　D. 台车式

附　　录

附录一　钢材和连接的强度设计值和容许应力

附表 1-1   钢材的强度设计值

钢材牌号		厚度或直径 /mm	抗拉、抗压、和抗弯 f /(N/mm²)	抗剪 f_v /(N/mm²)	端面承压（刨平顶紧）f_{ce} /(N/mm²)	钢材名义屈服强度 f_y /(N/mm²)	极限抗拉强度最小值 f_u /(N/mm²)
碳素结构钢	Q235	≤16	215	125	320	235	370
		>16，≤40	205	120		225	
		>40，≤100	200	115		215	
低合金高强度结构钢	Q345	≤16	300	175	400	345	470
		>16，≤40	295	170		335	
		>40，≤63	290	165		325	
		>63，≤80	280	160		315	
		>80，≤100	270	155		305	
	Q390	≤16	345	200	415	390	490
		>16，≤40	330	190		370	
		>40，≤63	310	180		350	
		>63，≤100	295	170		330	
	Q420	≤16	375	215	440	420	520
		>16，≤40	355	205		400	
		>40，≤63	320	185		380	
		>63，≤100	305	175		360	
	Q460	≤16	410	235	470	460	550
		>16，≤40	390	225		440	
		>40，≤63	355	205		420	
		>63，≤100	340	195		400	
建筑结构用钢板	Q345GJ	>16，≤50	325	190	415	345	490
		>50，≤100	300	175		335	

注　1. GJ 钢的名义屈服强度取上屈服强度，其他均取下屈服强度。

  2. 表中直径系指实芯棒材直径，厚度系指计算点的钢材或钢管壁厚度，对轴心受拉和轴心受压构件系指截面中较厚板件的厚度。

  3. 冷弯型材和冷弯钢管，其强度设计值应按国家现行有关标准的规定采用。

附表 1 – 2   焊 缝 的 强 度 设 计 值

焊接方法和焊条型号	构件钢材		对接焊缝强度设计值				角焊缝抗拉、抗压和抗剪 f_f^w /(N/mm²)	对接焊缝抗拉强度 f_u^w	角焊缝抗拉、抗压和抗剪强度 f_u^f
	牌号	厚度或直径 /mm	抗压 f_c^w /(N/mm²)	焊缝质量为下列等级时，抗拉 f_t^w /(N/mm²)		抗剪 f_v^w /(N/mm²)			
				一级、二级	三级				
自动焊、半自动焊和 E43 型焊条的手工焊	Q235	≤16	215	215	185	125	160	415	240
		>16，≤40	205	205	175	120			
		>40，≤100	200	200	170	115			
自动焊、半自动焊和 E50、E55 型焊条的手工焊	Q345	≤16	305	305	260	175	200	480 (E50) 540 (E55)	280 (E50) 315 (E55)
		>16，≤40	295	295	250	170			
		>40，≤63	290	290	245	165			
		>63，≤80	280	280	240	160			
		>80，≤100	270	270	230	155			
自动焊、半自动焊和 E50、E55 型焊条的手工焊	Q390	≤16	345	345	295	200	200 (E50) 220 (E55)		
		>16，≤40	330	330	280	190			
		>40，≤63	310	310	265	180			
		>63，≤100	295	295	250	170			
自动焊、半自动焊和 E55、E60 型焊条的手工焊	Q420	≤16	375	375	320	215	220 (E55) 240 (E60)	540 (E55) 590 (E60)	315 (E55) 340 (E60)
		>16，≤40	355	355	300	205			
		>40，≤63	320	320	270	185			
		>63，≤100	305	305	260	175			
自动焊、半自动焊和 E55、E60 型焊条的手工焊	Q460	≤16	410	410	350	235	220 (E55) 240 (E60)	540 (E55) 590 (E60)	315 (E55) 340 (E60)
		>16，≤40	390	390	330	225			
		>40，≤63	355	355	300	205			
		>63，≤100	340	340	290	195			
自动焊、半自动焊和 E50、E55 型焊条的手工焊	Q345GJ	>16，≤35	310	310	265	180	200	480 (E50) 540 (E55)	280 (E50) 315 (E55)
		>35，≤50	290	290	245	170			
		>50，≤100	285	285	240	165			

注　1. 手工焊用焊条、自动焊和半自动焊所采用的焊丝和焊剂，应保证其熔敷金属的力学性能不低于母材的性能。

2. 焊缝质量等级应符合 GB 50661《钢结构焊接规范》的规定，其检验方法应符合 GB 50205《钢结构工程施工质量验收标准》的规定。其中厚度小于 6mm 钢材的对接焊缝，不应采用超声波探伤确定焊缝质量等级。

3. 对接焊缝在受压区的抗弯强度设计值取 f_c^w，在受拉区的抗弯强度设计值取 f_t^w。

4. 表中厚度系指计算点的钢材厚度，对轴心受拉和轴心受压构件系指截面中较厚板件的厚度。

5. 施工条件较差的高空安装焊缝应乘以系数 0.9；进行无垫板的单面施焊对接焊缝的连接计算时，表中规定的强度设计值应乘折减系数 0.85，以上几种情况同时存在时，其折减系数应连乘。

附表 1-3　焊缝容许应力　　　　　单位：N/mm²

焊缝分类	应力种类	符号	Q235 第1组	Q235 第2组	Q235 第3组	Q235 第4组	Q355 第1组	Q355 第2组	Q355 第3组	Q355 第4组	Q355 第5组	Q355 第6组	Q390 第1组	Q390 第2组	Q390 第3组	Q390 第4组	Q390 第5组	Q390 第6组	Q420 第1组	Q420 第2组	Q420 第3组	Q420 第4组	Q420 第5组	Q420 第6组	Q460 第1组	Q460 第2组	Q460 第3组	Q460 第4组	Q460 第5组	Q460 第6组
对接焊缝	抗压	$[\sigma_c^h]$	160	150	145	145	230	225	220	215	210	195	245	240	235	225	225	215	260	260	250	245	245	235	285	280	275	265	265	255
	抗拉，一、二类焊缝	$[\sigma_t^h]$	160	150	145	145	230	225	220	215	210	195	245	240	235	225	225	215	260	260	250	245	245	235	285	280	275	265	265	255
	抗拉，三类焊缝	$[\sigma_t^h]$	135	125	120	120	180	180	175	170	165	155	195	190	185	180	180	170	200	200	200	195	195	185	225	220	220	210	210	200
	抗剪	$[\tau^h]$	95	90	85	85	135	135	130	125	125	115	145	140	140	135	135	125	155	155	150	145	145	140	170	165	165	155	155	150
角焊缝	抗拉、抗压和抗剪	$[\tau_f^h]$	110	105	100	100	160	155	150	150	145	135	170	165	160	155	155	150	180	180	175	170	170	160	195	195	190	185	185	175

注　1. 焊缝分类符合 GB/T 14173《水利水电工程钢闸门制造、安装及验收规范》的规定。

2. 仰焊焊缝的容许应力按本表降低 20%。

3. 安装焊缝的容许应力按本表降低 10%。

附表 1-4　　　　　螺栓连接的强度指标　　　　　单位：N/mm²

螺栓的性能等级、锚栓和构件钢材的牌号		C级螺栓 抗拉 f_t^b	C级螺栓 抗剪 f_v^b	C级螺栓 承压 f_c^b	A级、B级螺栓 抗拉 f_t^b	A级、B级螺栓 抗剪 f_v^b	A级、B级螺栓 承压 f_c^b	锚栓 抗拉 f_t^a	承压型或网架用高强度螺栓 抗拉 f_t^b	承压型或网架用高强度螺栓 抗剪 f_v^b	承压型或网架用高强度螺栓 承压 f_c^b	高强度螺栓的抗拉强度 f_u^b
普通螺栓	4.6级、4.8级	170	140	—	—	—	—	—	—	—	—	—
	5.6级	—	—	—	210	190	—	—	—	—	—	—
	8.8级	—	—	—	400	320	—	—	—	—	—	—
锚栓	Q235钢	—	—	—	—	—	—	140	—	—	—	—
	Q345钢	—	—	—	—	—	—	180	—	—	—	—
	Q390钢	—	—	—	—	—	—	185	—	—	—	—
承压型连接高强度螺栓	8.8级	—	—	—	—	—	—	—	400	250	—	830
	10.9级	—	—	—	—	—	—	—	500	310	—	1040
螺栓球网架用高强度螺栓	9.8级	—	—	—	—	—	—	—	385	—	—	—
	10.9级	—	—	—	—	—	—	—	430	—	—	—
构件	Q235钢	—	—	305	—	—	405	—	—	—	470	—
	Q345钢	—	—	385	—	—	510	—	—	—	590	—
	Q390钢	—	—	400	—	—	530	—	—	—	615	—
	Q420钢	—	—	425	—	—	560	—	—	—	655	—
	Q460钢	—	—	450	—	—	595	—	—	—	695	—
	Q345GJ钢	—	—	400	—	—	530	—	—	—	615	—

注　1. A级螺栓用于 $d \leqslant 24\text{mm}$ 和 $L \leqslant 10d$ 或 $L \leqslant 150\text{mm}$（按较小值）的螺栓；B级螺栓用于 $d > 24\text{mm}$ 和 $L > 10d$ 或 $L > 150\text{mm}$（按较小值）的螺栓；d 为公称直径，L 为螺栓公称长度。

2. A、B级螺栓孔的精度和孔壁表面粗糙度，C级螺栓孔的允许偏差和孔壁表面粗糙度，均应符合 GB 50205《钢结构工程施工质量验收标准》的要求。

3. 用于螺栓球节点网架的高强度螺栓，M12～M36 为 10.9 级，M39～M64 为 9.8 级。

附表 1-5　　　　　　　　　　普通螺栓连接容许应力　　　　　　　　　单位：N/mm²

螺栓的性能等级、锚栓和构件	应力种类	符号	螺栓和锚栓的性能等级或钢号					构件的钢号		
			Q235	Q355	4.6级、4.8级	5.6级	8.8级	Q235	Q355	Q390
A级、B级螺栓	抗拉	$[\sigma_1^t]$				150	310			
	抗剪	$[\tau^1]$				115	230			
C级螺栓	抗拉	$[\sigma_1^t]$	125	180	125					
	抗剪	$[\tau^1]$	95	135	95					
锚栓	抗拉	$[\sigma_1^d]$	105	145						
构件	承压	$[\sigma_c^l]$						240	340	365

注　1. A级螺栓用于 $d \leqslant 24$mm 和 $l \leqslant 10d$ 或 $l \leqslant 150$mm（按较小值）的螺栓；B级螺栓用于 $d > 24$mm 或 $l > 10d$ 或 $l > 150$mm（按较小值）的螺栓。d 为公称直径，l 为螺杆公称长度。

　　2. 螺孔制备符合 GB/T 14173 的规定。

　　3. 当 Q235 钢或 Q355 钢制作的螺栓直径大于 40mm 时，螺栓容许应力予以降低，对 Q235 钢降低 4%，对 Q355 钢降低 6%。

附表 1-6　　　　　　　　　　钢材和铸钢件的物理性能指标

弹性模量 E /(N/mm²)	剪变模量 G /(N/mm²)	线膨胀系数 α （以每℃计）	质量密度 ρ /(kg/m³)
206×10^3	79×10^3	12×10^{-6}	7850

附表 1-7　　　　　　　　　　钢材尺寸分组　　　　　　　　　　　　单位：mm

组别	钢材厚度或直径	
	Q235	Q355、Q390、Q420、Q460
第1组	$\leqslant 16$	$\leqslant 16$
第2组	$>16 \sim 40$	$>16 \sim 40$
第3组	$>40 \sim 60$	$>40 \sim 63$
第4组	$>60 \sim 100$	$>63 \sim 80$
第5组	$>100 \sim 150$	$>80 \sim 100$
第6组	$>150 \sim 200$	$>100 \sim 150$

附表 1-8　　　　　　　　　　钢材容许应力　　　　　　　　　　　　单位：N/mm²

应力种类	符号	碳素结构钢						低合金高强度结构钢																									
		Q235						Q355						Q390						Q420						Q460						
		第1组	第2组	第3组	第4组	第5组	第6组	第1组	第2组	第3组	第4组	第5组	第6组	第1组	第2组	第3组	第4组	第5组	第6组	第1组	第2组	第3组	第4组	第5组	第6组	第1组	第2组	第3组	第4组	第5组	第6组
抗拉、抗压和抗弯	$[\sigma]$	160	150	145	145	130	125	230	225	220	215	210	195	245	240	235	225	225	215	260	260	250	245	245	235	285	280	275	265	265	255
抗剪	$[\tau]$	95	90	85	85	75	75	135	135	130	125	125	115	145	140	140	135	135	125	155	155	150	145	145	140	170	165	165	155	155	150

续表

应力种类	符号	碳素结构钢 Q235						低合金高强度结构钢																							
								Q355						Q390						Q420						Q460					
		第1组	第2组	第3组	第4组	第5组	第6组	第1组	第2组	第3组	第4组	第5组	第6组	第1组	第2组	第3组	第4组	第5组	第6组	第1组	第2组	第3组	第4组	第5组	第6组	第1组	第2组	第3组	第4组	第5组	第6组
局部承压	$[\sigma_{cd}]$	240	225	215	215	195	185	345	335	330	320	315	290	365	360	350	335	320	315	390	390	375	365	365	350	425	420	410	395	395	380
局部紧接承压	$[\sigma_{cj}]$	120	110	110	110	95	95	170	165	165	160	155	145	180	180	175	165	160	155	195	195	185	180	180	175	210	210	205	195	195	190

注　1. 局部承压应力不乘调整系数。

　　2. 局部承压指构件腹板的小部分表面受局部荷载的挤压或端面承压（磨平顶紧）等情况。

　　3. 局部紧接承压指可动性小的铰在接触面的投影平面上的压应力。

附表1-9　　　　　　　　　　　机械零件的容许应力　　　　　　　　　　单位：N/mm²

应力种类	符号	碳素结构钢	低合金钢		优质碳素结构钢		铸造碳钢				合金铸钢			合金结构钢	
		Q235	Q345	Q390	35	45	ZG230-450	ZG270-500	ZG310-570	ZG340-640	ZG50Mn2	ZG35Cr1Mo	ZG34Cr2Ni2Mo	42CrMo	40Cr
抗拉、抗压和抗弯	$[\sigma]$	100	145	160	135	155	100	115	135	145	195	170 (215)	(295)	(365)	(320)
抗剪	$[\tau]$	60	85	95	80	90	60	70	80	85	115	100 (130)	(175)	(220)	(190)
局部承压	$[\sigma_{cd}]$	150	215	240	200	230	150	170	200	215	290	255 (320)	(440)	(545)	(480)
局部紧接承压	$[\sigma_{cj}]$	80	115	125	105	125	80	90	105	115	155	135 (170)	(235)	(290)	(255)
孔壁抗拉	$[\sigma_{k}]$	115	165	185	155	175	115	130	155	165	225	195 (245)	(340)	(420)	(365)

注　1. 括号内为调质处理后的数值。

　　2. 孔壁抗拉容许应力是指固定结合的情况；若为活动结合，则应按表值降低20%。

　　3. 表列"合金结构钢"的容许应力，适用截面尺寸为25mm的钢件。如由于厚度影响，屈服强度有减小时，各类容许应力可按屈服强度减小比例予以减小。

　　4. 表列"铸造碳钢"的容许应力，适用于厚度不大于100mm的铸钢件。

附录二　疲劳计算的构件和连接分类

附表2-1　　　　　　　　　　　非焊接的构件和连接分类

项次	构造细节	说　明	类别
1		• 无连接处的母材： 轧制型钢	Z1

项次	构　造　细　节	说　　明	类别
2		• 无连接处的母材： 钢板： (1) 两边为轧制边或刨边； (2) 两侧为自动、半自动切割边，切割质量标准应符合 GB 50205《钢结构工程施工质量验收标准》的规定	Z1 Z2
3		• 连系螺栓和虚孔处的母材： 应力以净截面面积计算	Z4
4		• 螺栓连接处的母材： (1) 高强度螺栓摩擦型连接应力以毛截面面积计算； (2) 其他螺栓连接应力以净截面面积计算。 • 铆钉连接处的母材： 连接应力以净截面面积计算	Z2 Z4
5		• 受拉螺栓的螺纹处母材： (1) 连接板件应有足够的刚度，否则，受拉正应力应适当考虑撬力及其他因素引起的附加应力； (2) 对于直径大于 30mm 螺栓，需要考虑尺寸效应对容许应力幅进行修正，修正系数 γ_t： $$\gamma_t=\left(\frac{30}{d}\right)^{0.25}$$ d—螺栓直径，mm	Z11

注　箭头表示计算应力幅的位置和方向。

附表 2－2　　　　　纵向传力焊缝的构件和连接分类

项次	构　造　细　节	说　　明	类别
1		• 无垫板的纵向对焊缝附近的母材： 焊缝符合二级焊缝标准	Z2
2		• 有连续垫板的纵向自动对接焊缝附近的母材： (1) 无起弧、灭弧； (2) 有起弧、灭弧	Z4 Z5
3		• 翼缘连接焊缝附近的母材： 翼缘板与腹板的连接焊缝： (1) 自动焊，二级 T 形对接与角接组合焊缝； (2) 自动焊，角焊缝，外观质量标准符合二级； (3) 手工焊，角焊缝，外观质量标准符合二级。 双层翼缘板之间的连接焊缝： (1) 自动焊，角焊缝，外观质量标准符合二级； (2) 手工焊，角焊缝，外观质量标准符合二级	 Z2 Z4 Z5 Z4 Z5

项次	构　造　细　节	说　　　明	类别
4		• 仅单侧施焊的手工或自动对接焊缝附近的母材，焊缝符合二级焊缝标准，翼缘与腹板很好贴合	Z5
5		• 开工艺孔处符合二级焊缝标准的对接焊缝，焊缝外观质量符合二级焊缝标准的角焊缝等附近的母材	Z8
6		• 节点板搭接的两侧面角焊缝端部的母材； • 节点板搭接的三面围焊时两侧角焊缝端部的母材； • 三面围焊或两侧面角焊缝的节点板母材（节点板计算宽度按应力扩散角 $\theta = 30°$ 考虑）	Z10 Z8 Z8

注　箭头表示计算应力幅的位置和方向。

附表 2－3　　　　　**横向传力焊缝的构件和连接分类**

项次	构　造　细　节	说　　　明	类别
1		• 横向对接焊缝附近的母材，轧制梁对接焊缝附近的母材： （1）符合 GB 50205《钢结构工程施工质量验收标准》的一级焊缝，且经加工、磨平； （2）符合 GB 50205《钢结构工程施工质量验收标准》的一级焊缝	Z2 Z4
2	坡度≤1/4	• 不同厚度（或宽度）横向对接焊缝附近的母材： （1）符合 GB 50205《钢结构工程施工质量验收标准》的一级焊缝，且经加工、磨平； （2）符合 GB 50205《钢结构工程施工质量验收标准》的一级焊缝	Z2 Z4
3		• 有工艺孔的轧制梁对接焊缝附近的母材，焊缝加工成平滑过渡并符合一级焊缝标准	Z6

项次	构 造 细 节	说 明	类别
4		• 带垫板的横向对接焊缝附近的母材： 垫板端部超出母板距离 d： （1）$d \geqslant 10\text{mm}$； （2）$d < 10\text{mm}$	Z8 Z11
5		• 节点板搭接的端面角焊缝的母材	Z7
6		• 不同厚度直接横向对接焊缝附近的母材，焊缝等级为一级，无偏心	Z8
7		• 翼缘盖板中断处的母材（板端有横向端焊缝）	Z8
8		• 十字形连接、T 形连接： （1）K 形坡口、T 形对接与角接组合焊缝处的母材，十字形连接两侧轴线偏离距离小于 $0.15t$，焊缝为二级，焊趾角 $\alpha \leqslant 45°$； （2）角焊缝处的母材，十字形连接两侧轴线偏离距离小于 $0.15t$	Z6 Z8
9		• 法兰焊缝连接附近的母材： （1）采用对接焊缝，焊缝为一级； （2）采用角焊缝	Z8 Z13

注 箭头表示计算应力幅的位置和方向。

附表 2－4　　　　　　　　　　　　　　**非传力焊缝的构件和连接分类**

项次	构 造 细 节	说 明	类别
1		• 横向加劲肋端部附近的母材： （1）肋端焊缝不断弧（采用回焊）； （2）肋端焊缝断弧	Z5 Z6
2	t	• 横向焊接附件附近的母材： （1）$t \leqslant 50\text{mm}$； （2）$50 < t \leqslant 80\text{mm}$； t 为焊接附件的板厚	Z7 Z8
3	L	• 矩形节点板焊接于构件翼缘或腹板处的母材 （节点板焊缝方向的长度 $L > 150\text{mm}$）	Z8
4	$r \geqslant 60\text{mm}$ $r \geqslant 60\text{mm}$	• 带圆弧的梯形节点板用对接焊缝焊于梁翼缘、腹板以及桁架构件处的母材，圆弧过渡处在焊后铲平、磨光、圆滑过渡，不得有焊接起弧、灭弧缺陷	Z6
5		• 焊接剪力栓钉附近的钢板母材	Z7

注　箭头表示计算应力幅的位置和方向。

附表 2－5　　　　　　　　　　　　　　**钢管截面的构件和连接分类**

项次	构 造 细 节	说 明	类别
1		• 钢管纵向自动焊缝的母材： （1）无焊接起弧、灭弧点； （2）有焊接起弧、灭弧点	Z3 Z6

项次	构 造 细 节	说 明	类别
2		• 圆管端部对接焊缝附近的母材，焊缝平滑过渡并符合 GB 50205《钢结构工程施工质量验收标准》的一级焊缝标准，余高不大于焊缝宽度的 10%： (1) 圆管壁厚 8mm<t≤12.5mm； (2) 圆管壁厚 t≤8mm	Z6 Z8
3		• 矩形管端部对接焊缝附近的母材，焊缝平滑过渡并符合一级焊缝标准，余高不大于焊缝宽度的 10%： (1) 方管壁厚 8mm<t≤12.5mm； (2) 方管壁厚 t≤8mm	Z8 Z10
4	矩形或圆管 ≤100mm 矩形或圆管 ≤100mm	• 焊有矩形管或圆管的构件，连接角焊缝附近的母材，角焊缝为非承载焊缝，其外观质量标准符合二级，矩形管宽度或圆管直径不大于 100mm	Z8
5		• 通过端板采用对接焊缝拼接的圆管母材，焊缝符合一级质量标准： (1) 圆管壁厚 8mm<t≤12.5mm； (2) 圆管壁厚 t≤8mm	Z10 Z11
6		• 通过端板采用对接焊缝拼接的矩形管母材，焊缝符合一级质量标准： (1) 方管壁厚 8mm<t≤12.5mm； (2) 方管壁厚 t≤8mm	Z11 Z12
7		• 通过端板采用角焊缝拼接的圆管母材，焊缝外观质量标准符合二级，管壁厚度 t≤8mm	Z13
8		• 通过端板采用角焊缝拼接的矩形管母材，焊缝外观质量标准符合二级，管壁厚度 t≤8mm	Z14

项次	构　造　细　节	说　　明	类别
9		• 钢管端部压偏与钢板对接焊缝连接（仅适用于直径小于 200mm 的钢管），计算时采用钢管的应力幅	Z8
10		• 钢管端部开设槽口与钢板角焊缝连接，槽口端部为圆弧，计算时采用钢管的应力幅： （1）倾斜角 $\alpha \leqslant 45°$； （2）倾斜角 $\alpha > 45°$	Z8 Z9

注　箭头表示计算应力幅的位置和方向。

附表 2-6　　　　剪应力作用下的构件和连接分类

项次	构　造　细　节	说　　明	类别
1		• 各类受剪角焊缝： 剪应力按有效截面计算	J1
2		• 受剪力的普通螺栓： 采用螺杆截面的剪应力	J2
3		• 焊接剪力栓钉： 采用栓钉名义截面的剪应力	J3

注　箭头表示计算应力幅的位置和方向。

附录三　梁的整体稳定系数

一、等截面焊接工字形和轧制 H 型钢

等截面焊接工字形和轧制 H 型钢（附图 3-1）简支梁的整体稳定系数 φ_b 应按下列公式计算：

$$\varphi_b = \beta_b \frac{4320}{\lambda_y^2} \cdot \frac{Ah}{W_x} \left[\sqrt{1 + \left(\frac{\lambda_y t_1}{4.4h} \right)^2} + \eta_b \right] \varepsilon_k \qquad \text{附（3-1）}$$

$$\lambda_y = \frac{l_1}{i_y} \qquad \text{附（3-2）}$$

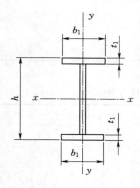

（a）双轴对称焊接工字形截面　　　（b）加强受压翼缘的单轴对称焊接工字形截面

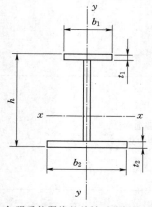

（c）加强受拉翼缘的单轴对称焊接工字形截面

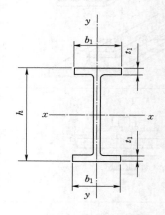

（d）轧制 H 型钢截面

附图 3-1　焊接工字形和轧制 H 型钢

截面不对称影响系数 η_b 应按下列公式计算：

对双轴对称截面［附图 3-1（a）、（d）］：

$$\eta_b = 0 \qquad \text{附（3-3）}$$

对单轴对称工字形截面［附图 3-1（b）、（c）］：

加强受压翼缘 $\qquad \eta_b=0.8(2\alpha_b-1)$ 　　　　附（3-4）

加强受拉翼缘 $\qquad \eta_b=2\alpha_b-1$ 　　　　附（3-5）

$$\alpha_b=\frac{I_1}{I_1+I_2} \qquad 附（3-6）$$

当按附式（3-1）算得的 φ_b 值大于 0.6 时，应按下式计算的 φ_b' 代替 φ_b 值：

$$\varphi_b'=1.07-\frac{0.282}{\varphi_b}\leqslant 1.0 \qquad 附（3-7）$$

式中　β_b——梁整体稳定的等效弯矩系数，按参数 $\xi=l_1t_1/b_1h$ 由附表 3-1 采用；

　　　λ_y——梁在侧向支承点间对截面弱轴（y—y）的长细比；

　　　A——梁的毛截面面积；

　h、t_1——梁截面的全高和受压翼缘厚度，等截面铆接（或高强螺栓连接）简支梁，其受压翼缘厚度 t_1 包括翼缘角钢厚度在内；

　　　l_1——梁受压翼缘侧向支撑点之间的距离；

　　　i_y——梁毛截面对 y 轴的回转半径；

　　　W_x——按受压纤维确定的梁毛截面模量；

　I_1、I_2——受压翼缘和受拉翼缘对 y 轴的惯性矩。

附表 3-1　　　　　　　　H 型钢和等截面工字形简支梁的系数 β_b

项次	侧向支承	荷载		$\xi\leqslant 2.0$	$\xi>2.0$	适用范围
1	跨中无侧向支承	均布荷载作用在	上翼缘	$0.69+0.13\xi$	0.95	附图 3-1（a）、（b）和（d）的截面
2			下翼缘	$1.73-0.20\xi$	1.33	
3		集中荷载作用在	上翼缘	$0.73+0.18\xi$	1.09	
4			下翼缘	$2.23-0.28\xi$	1.67	
5	跨度中点有一个侧向支承点	均布荷载作用在	上翼缘	1.15		附图 3-1 中的所有截面
6			下翼缘	1.40		
7		集中荷载作用在截面高度的任意位置		1.75		
8	跨中有不少于两个等距离侧向支承点	任意荷载作用在	上翼缘	1.20		
9			下翼缘	1.40		
10	梁端有弯矩，但跨中无荷载作用			$1.75-1.05\left(\dfrac{M_2}{M_1}\right)+0.3\left(\dfrac{M_2}{M_1}\right)^2$ 但 $\leqslant 2.3$		

注　1. ξ 为参数，$\xi=\dfrac{l_1t_1}{b_1h}$，其中 b_1 为受压翼缘的宽度。

　　2. M_1 和 M_2 为梁的端弯矩，使梁产生同向曲率时 M_1 和 M_2 取同号，产生反向曲率时取异号，$|M_1|\geqslant|M_2|$。

　　3. 表中项次 3、4 和 7 的集中荷载是指一个或少数几个集中荷载位于跨中央附近的情况，对其他情况的集中荷载，应按表中项次 1、2、5、6 内的数值采用。

　　4. 表中项次 8、9 的 β_b，当集中荷载作用在侧向支承点处时，取 $\beta_b=1.20$。

　　5. 荷载作用在上翼缘系指荷载作用点在翼缘表面，方向指向截面形心；荷载作用在下翼缘系指荷载作用点在翼缘表面，方向背向截面形心。

　　6. 对 $\alpha_b>0.8$ 的加强受压翼缘工字形截面，下列情况的 β_b 值应乘以相应的系数：

　　　项次 1：当 $\xi\leqslant 1.0$ 时，乘以 0.95；

　　　项次 3：当 $\xi\leqslant 0.5$ 时，乘以 0.90；当 $0.5<\xi\leqslant 1.0$ 时，乘以 0.95。

二、轧制普通工字形简支梁

轧制普通工字形简支梁的整体稳定系数 φ_b 应按附表 3-2 采用，当所得的 φ_b 值大于 0.6 时，应按附式（3-7）算得代替值。

附表 3-2　　　　　　　　　　　　轧制普通工字钢简支梁的 φ_b

项次	荷载情况		工字钢型号	自由长度 l_1/mm								
				2	3	4	5	6	7	8	9	10
1	跨中无侧向支承点的梁	集中荷载作用于	上翼缘	10~20	2.00	1.30	0.99	0.80	0.68	0.58	0.53	0.48	0.43
				22~32	2.40	1.48	1.09	0.86	0.72	0.62	0.54	0.49	0.45
				36~63	2.80	1.60	1.07	0.83	0.68	0.56	0.50	0.45	0.40
2			下翼缘	10~20	3.10	1.95	1.34	1.01	0.82	0.69	0.63	0.57	0.52
				22~40	5.50	2.80	1.84	1.37	1.07	0.86	0.73	0.64	0.56
				45~63	7.30	3.60	2.30	1.62	1.20	0.96	0.80	0.69	0.60
3		均布荷载作用于	上翼缘	10~20	1.70	1.12	0.84	0.68	0.57	0.50	0.45	0.41	0.37
				22~40	2.10	1.30	0.93	0.73	0.60	0.51	0.45	0.40	0.36
				45~63	2.60	1.45	0.97	0.73	0.59	0.50	0.44	0.38	0.35
4			下翼缘	10~20	2.50	1.55	1.08	0.83	0.68	0.56	0.52	0.47	0.42
				22~40	4.00	2.20	1.45	1.10	0.85	0.70	0.60	0.52	0.46
				45~63	5.60	2.80	1.80	1.25	0.95	0.78	0.65	0.55	0.49
5	跨中有侧向支承点的梁（不论荷载作用点在截面高度上的位置）			10~20	2.20	1.39	1.01	0.79	-0.66	0.57	0.52	0.47	0.42
				22~40	3.00	1.80	1.24	0.96	0.76	0.65	0.56	0.49	0.43
				45~63	4.00	2.20	1.38	1.01	0.80	0.66	0.56	0.49	0.43

注　1. 同附表 3-1 的注 3、注 5。
　　2. 表中的 φ_b 适用于 Q235 钢。对其他钢号，表中数值应乘以 ε_k^2。

三、轧制槽钢简支梁

轧制槽钢简支梁的整体稳定系数，不论荷载的形式和荷载作用点在截面高度上的位置，均可按下式计算：

$$\varphi_b = \frac{570bt}{l_1 h} \cdot \varepsilon_k^2 \qquad\qquad 附（3-8）$$

式中　h、b、t——槽钢截面的高度、翼缘宽度和平均厚度。

按附式（3-8）算得的 φ_b 值大于 0.6 时，应按附式（3-7）算得的相应 φ_b' 代替 φ_b 值。

四、双轴对称工字形等截面悬臂梁

双轴对称工字形等截面悬臂梁的整体稳定系数可按附式（3-1）计算，但式中系数 β_b 按附表（3-3）查得，当按附式（3-2）计算长细比 λ_y 时，l_1 为悬臂梁的悬伸长度。当求得的 φ_b 值大于 0.6 时，应按附式（3-7）算得的 φ_b' 代替 φ_b 值。

附表 3-3　　　　　　双轴对称工字形等截面悬臂梁的系数 β_b

项次	荷 载 形 式		$0.60\leqslant\xi\leqslant1.24$	$1.24<\xi\leqslant1.96$	$1.96<\xi\leqslant3.10$
1	自由端一个集中荷载作用在	上翼缘	$0.21+0.67\xi$	$0.72+0.26\xi$	$1.17+0.03\xi$
2		下翼缘	$2.94-0.65\xi$	$2.64-0.40\xi$	$2.15-0.15\xi$
3	均布荷载作用在上翼缘		$0.62+0.82\xi$	$1.25+0.31\xi$	$1.66+0.10\xi$

注　1. 本表是按支承端为固定的情况确定的，当用于由邻跨延伸出来的伸臂梁时，应在构造上采取措施加强支承处的抗扭能力；

　　2. 表中 ξ 见附表 3-1 注 1。

五、均匀弯曲的受弯构件

均匀弯曲的受弯构件，当 $\lambda_y\leqslant120\varepsilon_k$ 时，其整体稳定系数 φ_b 可按下列近似公式计算：

1. 工字形截面

双轴对称：

$$\varphi_b=1.07-\frac{\lambda_y^2}{44000\varepsilon_k^2}\qquad\qquad 附（3-9）$$

单轴对称：

$$\varphi_b=1.07-\frac{W_x}{(2\alpha_b+0.1)Ah}\cdot\frac{\lambda_y^2}{44000\varepsilon_k^2}\qquad\qquad 附（3-10）$$

2. 弯矩作用在对称轴平面，绕 x 轴的 T 形截面

（1）弯矩使翼缘受压时：

双角钢 T 形截面　　　　　　$\varphi_b=1-\dfrac{0.0017\lambda_y}{\varepsilon_k}$　　　　　　　　附（3-11）

剖分 T 形钢和两板组合 T 形截面 $\varphi_b=1-\dfrac{0.0022\lambda_y}{\varepsilon_k}$　　　　　　　　附（3-12）

（2）弯矩使翼缘受拉且腹板宽厚比不大于 $18\varepsilon_k$ 时：

$$\varphi_b=1-\frac{0.0005\lambda_y}{\varepsilon_k}\qquad\qquad 附（3-13）$$

当按附式（3-9）和附式（3-10）算得的 φ_b 值大于 1.0 时，取 $\varphi_b=1.0$。

附录四　轴心受压构件的稳定系数

附表 4-1　　　　　　　　　　　a 类截面轴心受压构件的稳定系数 φ

λ/ε_k	0	1	2	3	4	5	6	7	8	9
0	1.000	1.000	1.000	1.000	0.999	0.999	0.998	0.998	0.997	0.996
10	0.995	0.994	0.993	0.992	0.991	0.989	0.988	0.986	0.985	0.983
20	0.981	0.979	0.977	0.976	0.974	0.972	0.970	0.968	0.966	0.964
30	0.963	0.961	0.959	0.957	0.954	0.952	0.950	0.948	0.946	0.944
40	0.941	0.939	0.937	0.934	0.932	0.929	0.927	0.924	0.921	0.918
50	0.916	0.913	0.910	0.907	0.903	0.900	0.897	0.893	0.890	0.886
60	0.883	0.879	0.875	0.871	0.867	0.862	0.858	0.854	0.849	0.844
70	0.839	0.834	0.829	0.824	0.818	0.813	0.807	0.801	0.795	0.789
80	0.783	0.776	0.770	0.763	0.756	0.749	0.742	0.735	0.728	0.721
90	0.713	0.706	0.698	0.691	0.683	0.676	0.668	0.660	0.653	0.645
100	0.637	0.630	0.622	0.614	0.607	0.599	0.592	0.584	0.577	0.569
110	0.562	0.555	0.548	0.541	0.534	0.527	0.520	0.513	0.507	0.500
120	0.494	0.487	0.481	0.475	0.469	0.463	0.457	0.451	0.445	0.439
130	0.434	0.428	0.423	0.417	0.412	0.407	0.402	0.397	0.392	0.387
140	0.382	0.378	0.373	0.368	0.364	0.360	0.355	0.351	0.347	0.343
150	0.339	0.335	0.331	0.327	0.323	0.319	0.316	0.312	0.308	0.305
160	0.302	0.298	0.295	0.292	0.288	0.285	0.282	0.279	0.276	0.273
170	0.270	0.267	0.264	0.261	0.259	0.256	0.253	0.250	0.248	0.245
180	0.243	0.240	0.238	0.235	0.233	0.231	0.228	0.226	0.224	0.222
190	0.219	0.217	0.215	0.213	0.211	0.209	0.207	0.205	0.203	0.201
200	0.199	0.197	0.196	0.194	0.192	0.190	0.188	0.187	0.185	0.183
210	0.182	0.180	0.178	0.177	0.175	0.174	0.172	0.171	0.169	0.168
220	0.166	0.165	0.163	0.162	0.161	0.159	0.158	0.157	0.155	0.154
230	0.153	0.151	0.150	0.149	0.148	0.147	0.145	0.144	0.143	0.142
240	0.141	0.140	0.139	0.137	0.136	0.135	0.134	0.133	0.132	0.131
250	0.130	—	—	—	—	—	—	—	—	—

注　当构件的 λ/ε_k 值超出附表 4-1～附表 4-4 的范围时，轴心受压构件的稳定系数应按下列公式计算：

当 $\lambda_n \leqslant 0.215$ 时：$\varphi = 1 - \alpha_1 \lambda_n^2$，$\lambda_n = \dfrac{\lambda}{\pi} \sqrt{f_y/E}$

当 $\lambda_n > 0.215$ 时：$\varphi = \dfrac{1}{2\lambda_n^2} \left[(\alpha_2 + \alpha_3 \lambda_n + \lambda_n^2) - \sqrt{(\alpha_2 + \alpha_3 \lambda_n + \lambda_n^2)^2 - 4\lambda_n^2} \right]$

式中　α_1、α_2、α_3——系数，应根据截面分类，按附表 4-5 采用。

附表 4-2 b 类截面轴心受压构件的稳定系数 φ

λ/ε_k	0	1	2	3	4	5	6	7	8	9
0	1.000	1.000	1.000	0.999	0.999	0.998	0.997	0.996	0.995	0.994
10	0.992	0.991	0.989	0.987	0.985	0.983	0.981	0.978	0.976	0.973
20	0.970	0.967	0.963	0.960	0.957	0.953	0.950	0.946	0.943	0.939
30	0.936	0.932	0.929	0.925	0.921	0.918	0.914	0.910	0.906	0.903
40	0.899	0.895	0.891	0.886	0.882	0.878	0.874	0.870	0.865	0.861
50	0.856	0.852	0.847	0.842	0.837	0.833	0.828	0.823	0.818	0.812
60	0.807	0.802	0.796	0.791	0.785	0.780	0.774	0.768	0.762	0.757
70	0.751	0.745	0.738	0.732	0.726	0.720	0.713	0.707	0.701	0.694
80	0.687	0.681	0.674	0.668	0.661	0.654	0.648	0.641	0.634	0.628
90	0.621	0.614	0.607	0.601	0.594	0.587	0.581	0.574	0.568	0.561
100	0.555	0.548	0.542	0.535	0.529	0.523	0.517	0.511	0.504	0.498
110	0.492	0.487	0.481	0.475	0.469	0.464	0.458	0.453	0.447	0.442
120	0.436	0.431	0.426	0.421	0.416	0.411	0.406	0.401	0.396	0.392
130	0.387	0.383	0.378	0.374	0.369	0.365	0.361	0.357	0.352	0.348
140	0.344	0.340	0.337	0.333	0.329	0.325	0.322	0.318	0.314	0.311
150	0.308	0.304	0.301	0.297	0.294	0.291	0.288	0.285	0.282	0.279
160	0.276	0.273	0.270	0.267	0.264	0.262	0.259	0.256	0.253	0.251
170	0.248	0.246	0.243	0.241	0.238	0.236	0.234	0.231	0.229	0.227
180	0.225	0.222	0.220	0.218	0.216	0.214	0.212	0.210	0.208	0.206
190	0.204	0.202	0.200	0.198	0.196	0.195	0.193	0.191	0.189	0.188
200	0.186	0.184	0.183	0.181	0.179	0.178	0.176	0.175	0.173	0.172
210	0.170	0.169	0.167	0.166	0.164	0.163	0.162	0.160	0.159	0.158
220	0.156	0.155	0.154	0.152	0.151	0.150	0.149	0.147	0.146	0.145
230	0.144	0.143	0.142	0.141	0.139	0.138	0.137	0.136	0.135	0.134
240	0.133	0.132	0.131	0.130	0.129	0.128	0.127	0.126	0.125	0.124
250	0.123	—	—	—	—	—	—	—	—	—

注 当构件的 λ/ε_k 值超出附表 4-1～附表 4-4 的范围时，轴心受压构件的稳定系数应按下列公式计算：

当 $\lambda_n \leqslant 0.215$ 时：$\varphi = 1 - \alpha_1 \lambda_n^2$，$\lambda_n = \dfrac{\lambda}{\pi}\sqrt{f_y/E}$

当 $\lambda_n > 0.215$ 时：$\varphi = \dfrac{1}{2\lambda_n^2}\left[(\alpha_2 + \alpha_3\lambda_n + \lambda_n^2) - \sqrt{(\alpha_2 + \alpha_3\lambda_n + \lambda_n^2)^2 - 4\lambda_n^2}\right]$

式中 α_1、α_2、α_3——系数，应根据截面分类，按附表 4-5 采用。

附表 4-3　　　　　　　　　　　c 类截面轴心受压构件的稳定系数 φ

λ/ε_k	0	1	2	3	4	5	6	7	8	9
0	1.000	1.000	1.000	0.999	0.999	0.998	0.997	0.996	0.995	0.993
10	0.992	0.990	0.988	0.986	0.983	0.981	0.978	0.976	0.973	0.970
20	0.966	0.959	0.953	0.947	0.940	0.934	0.928	0.921	0.915	0.909
30	0.902	0.896	0.890	0.883	0.877	0.871	0.865	0.858	0.852	0.845
40	0.839	0.833	0.826	0.820	0.813	0.807	0.800	0.794	0.787	0.781
50	0.774	0.768	0.761	0.755	0.748	0.742	0.735	0.728	0.722	0.715
60	0.709	0.702	0.695	0.689	0.682	0.675	0.669	0.662	0.656	0.649
70	0.642	0.636	0.629	0.623	0.616	0.610	0.603	0.597	0.591	0.584
80	0.578	0.572	0.565	0.559	0.553	0.547	0.541	0.535	0.529	0.523
90	0.517	0.511	0.505	0.499	0.494	0.488	0.483	0.477	0.471	0.467
100	0.462	0.458	0.453	0.449	0.445	0.440	0.436	0.432	0.427	0.423
110	0.419	0.415	0.411	0.407	0.402	0.398	0.394	0.390	0.386	0.383
120	0.379	0.375	0.371	0.367	0.363	0.360	0.356	0.352	0.349	0.345
130	0.342	0.338	0.335	0.332	0.328	0.325	0.322	0.318	0.315	0.312
140	0.309	0.306	0.303	0.300	0.297	0.294	0.291	0.288	0.285	0.282
150	0.279	0.277	0.274	0.271	0.269	0.266	0.263	0.261	0.258	0.256
160	0.253	0.251	0.248	0.246	0.244	0.241	0.239	0.237	0.235	0.232
170	0.230	0.228	0.226	0.224	0.222	0.220	0.218	0.216	0.214	0.212
180	0.210	0.208	0.206	0.204	0.203	0.201	0.199	0.197	0.195	0.194
190	0.192	0.190	0.189	0.187	0.185	0.184	0.182	0.181	0.179	0.178
200	0.176	0.175	0.173	0.172	0.170	0.169	0.167	0.166	0.165	0.163
210	0.162	0.161	0.159	0.158	0.157	0.155	0.154	0.153	0.152	0.151
220	0.149	0.148	0.147	0.146	0.145	0.144	0.142	0.141	0.140	0.139
230	0.138	0.137	0.136	0.135	0.134	0.133	0.132	0.131	0.130	0.129
240	0.128	0.127	0.126	0.125	0.124	0.123	0.123	0.122	0.121	0.120
250	0.119	—	—	—	—	—	—	—	—	—

注　当构件的 λ/ε_k 值超出附表 4-1～附表 4-4 的范围时，轴心受压构件的稳定系数应按下列公式计算：

当 $\lambda_n \leqslant 0.215$ 时：$\varphi = 1 - \alpha_1 \lambda_n^2$，$\lambda_n = \dfrac{\lambda}{\pi}\sqrt{f_y/E}$

当 $\lambda_n > 0.215$ 时：$\varphi = \dfrac{1}{2\lambda_n^2}\left[(\alpha_2 + \alpha_3\lambda_n + \lambda_n^2) - \sqrt{(\alpha_2 + \alpha_3\lambda_n + \lambda_n^2)^2 - 4\lambda_n^2}\right]$

式中　α_1、α_2、α_3——系数，应根据截面分类，按附表 4-5 采用。

附表 4-4　　　　　　　　　　　**d 类截面轴心受压构件的稳定系数 φ**

λ/ε_k	0	1	2	3	4	5	6	7	8	9
0	1.000	1.000	0.999	0.999	0.998	0.996	0.994	0.992	0.990	0.987
10	0.984	0.981	0.978	0.974	0.969	0.965	0.960	0.955	0.949	0.944
20	0.937	0.927	0.918	0.909	0.900	0.891	0.883	0.874	0.865	0.857
30	0.848	0.840	0.831	0.823	0.815	0.807	0.798	0.790	0.782	0.774
40	0.766	0.758	0.751	0.743	0.735	0.727	0.720	0.712	0.705	0.697
50	0.690	0.682	0.675	0.668	0.660	0.653	0.646	0.639	0.632	0.625
60	0.618	0.611	0.605	0.598	0.591	0.585	0.578	0.571	0.565	0.559
70	0.552	0.546	0.540	0.534	0.528	0.521	0.516	0.510	0.504	0.498
80	0.492	0.487	0.481	0.476	0.470	0.465	0.459	0.454	0.449	0.444
90	0.439	0.434	0.429	0.424	0.419	0.414	0.409	0.405	0.401	0.397
100	0.393	0.390	0.386	0.383	0.380	0.376	0.373	0.369	0.366	0.363
110	0.359	0.356	0.353	0.350	0.346	0.343	0.340	0.337	0.334	0.331
120	0.328	0.325	0.322	0.319	0.316	0.313	0.310	0.307	0.304	0.301
130	0.298	0.296	0.293	0.290	0.288	0.285	0.282	0.280	0.277	0.275
140	0.272	0.270	0.267	0.265	0.262	0.260	0.257	0.255	0.253	0.250
150	0.248	0.246	0.244	0.242	0.239	0.237	0.235	0.233	0.231	0.229
160	0.227	0.225	0.223	0.221	0.219	0.217	0.215	0.213	0.211	0.210
170	0.208	0.206	0.204	0.202	0.201	0.199	0.197	0.196	0.194	0.192
180	0.191	0.189	0.187	0.186	0.184	0.183	0.181	0.180	0.178	0.177
190	0.175	0.174	0.173	0.171	0.170	0.168	0.167	0.166	0.164	0.163
200	0.162	—	—	—	—	—	—	—	—	—

注　当构件的 λ/ε_k 值超出附表 4-1～附表 4-4 的范围时，轴心受压构件的稳定系数应按下列公式计算：

当 $\lambda_n \leqslant 0.215$ 时：$\varphi = 1 - \alpha_1 \lambda_n^2$，$\lambda_n = \dfrac{\lambda}{\pi}\sqrt{f_y/E}$

当 $\lambda_n > 0.215$ 时：$\varphi = \dfrac{1}{2\lambda_n^2}\left[(\alpha_2 + \alpha_3\lambda_n + \lambda_n^2) - \sqrt{(\alpha_2 + \alpha_3\lambda_n + \lambda_n^2)^2 - 4\lambda_n^2}\right]$

式中　α_1、α_2、α_3——系数，应根据截面分类，按附表 4-5 采用。

附表 4-5　　　　　　　　　　　　　　　**系数 α_1、α_2、α_3**

截 面 类 别		α_1	α_2	α_3
a 类		0.41	0.986	0.152
b 类		0.65	0.965	0.3
c 类	$\lambda_n \leqslant 1.05$	0.73	0.906	0.595
	$\lambda_n > 1.05$		1.216	0.302
d 类	$\lambda_n \leqslant 1.05$	1.35	0.868	0.915
	$\lambda_n > 1.05$		1.375	0.432

附录五　型　钢　表

附表 5-1　　　　　　　普　通　工　字　钢

h—高度；

b—翼缘宽度；

t_w—腹板厚；

t—翼缘平均厚；

I—惯性矩；

W—截面模量；

i—回转半径；

S—半截面的静力矩。

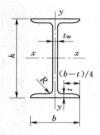

长度：型号 10~18，长 5~19m；
　　　型号 20~63，长 6~19m。

型号	尺　寸/mm					截面积/cm²	质量/(kg/m)	x—x轴				y—y轴		
	h	b	t_w	t	R			I_x/cm⁴	W_x/cm³	i_x/cm	I_x/S_x/cm	I_y/cm⁴	W_y/cm³	i_y/cm
10	100	68	4.5	7.6	6.5	14.3	11.2	245	49	4.14	8.69	33	9.6	1.51
12.6	126	74	5.0	8.4	7.0	18.1	14.2	488	77	5.19	11.0	47	12.7	1.61
14	140	80	5.5	9.1	7.5	21.5	16.9	712	102	5.75	12.2	64	16.1	1.73
16	160	88	6.0	9.9	8.0	26.1	20.5	1127	141	6.57	13.9	93	21.1	1.89
18	180	94	6.5	10.7	8.5	30.7	24.1	1699	185	7.37	15.4	123	26.2	2.00
20 a	200	100	7.0	11.4	9.0	35.5	27.9	2369	237	8.16	17.4	158	31.6	2.11
b		102	9.0			39.5	31.1	2502	250	7.95	17.1	169	33.1	2.07
22 a	220	110	7.5	12.3	9.5	42.1	33.0	3406	310	8.99	19.2	226	41.1	2.32
b		112	9.5			46.5	36.5	3583	326	8.78	18.9	240	42.9	2.27
25 a	250	116	8.0	13.0	10	48.5	38.1	5017	401	10.2	21.7	280	48.4	2.40
b		118	10.0			53.5	42.0	5278	422	9.93	21.4	297	50.4	2.36
28 a	280	122	8.5	13.7	10.5	55.4	43.5	7115	508	11.3	24.3	344	56.4	2.49
b		124	10.5			61.0	47.9	7481	534	11.1	24.0	364	58.7	2.44
a		130	9.5			67.1	52.7	11080	692	12.8	27.7	459	70.6	2.62
32 b	320	132	11.5	15.0	11.5	73.5	57.7	11626	727	12.6	27.3	484	73.3	2.57
c		134	13.5			79.9	62.7	12173	761	12.3	26.9	510	76.1	2.53
a		136	10.0			76.4	60.0	15796	878	14.4	31.0	555	81.6	2.69
36 b	360	138	12.0	15.8	12.0	83.6	65.6	16574	921	14.1	30.6	584	84.6	2.64
c		140	14.0			90.8	71.3	17351	964	13.8	30.2	614	87.7	2.60
a		142	10.5			86.1	67.6	21714	1086	15.9	34.4	660	92.9	2.77
40 b	400	144	12.5	16.5	12.5	94.1	73.8	22781	1139	15.6	33.9	693	96.2	2.71
c		146	14.5			102	80.1	23847	1192	15.3	33.5	727	99.7	2.67
a		150	11.5			102	80.4	32241	1433	17.7	38.5	855	114	2.89
45 b	450	152	13.5	18.0	13.5	111	87.4	33759	1500	17.4	38.1	895	118	2.84
c		154	15.5			120	94.5	35278	1568	17.1	37.6	938	122	2.79
a		158	12.0			119	93.6	46472	1859	19.7	42.9	1122	142	3.07
50 b	500	160	14.0	20	14.0	129	101	48556	1942	19.4	42.3	1171	146	3.01
c		162	16.0			139	109	50639	2026	19.1	41.9	1224	151	2.96
a		166	12.5			135	106	65576	2342	22.0	47.9	1366	165	3.18
56 b	560	168	14.5	21	14.5	147	115	68503	2447	21.6	47.3	1424	170	3.12
c		170	16.5			158	124	71430	2551	21.3	46.8	1485	175	3.07
a		176	13.0			155	122	94004	2984	24.7	53.8	1702	194	3.32
63 b	630	178	15.0	22	15.0	167	131	98171	3117	24.2	53.2	1771	199	3.25
c		180	17.0			180	141	102339	3249	23.9	52.6	1842	205	3.20

附表 5-2

H 型 钢 和 T 型 钢

h—H型钢截面高度;
b—翼缘宽度;
t_1—腹板厚度;
t_2—翼缘厚度;
W—截面模量;
i—回转半径;
I—惯性矩。
对T型钢:截面高度h_T、截面面积A_T、质量q_T、惯性矩I_{yT}等于相应H型钢的1/2。
HW, HM, HN分别代表宽翼缘、中翼缘、窄翼缘H型钢;
TW, TM, TN分别代表各自H型钢部分的T型钢。

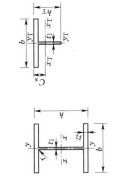

类别	H型钢规格/mm ($h×b×t_1×t_2$)	截面积 A /cm²	质量 q /(kg/m)	I_x /cm⁴	W_x /cm³	i_x /cm	I_y /cm⁴	W_y /cm³	i_y, i_{yT} /cm	重心 G_x /cm	I_{xT} /cm⁴	i_{xT} /cm	T型钢规格/mm ($h_T×b×t_1×t_2$)	类别
HW	100×100×6×8	21.90	17.2	383	76.5	4.18	134	26.7	2.47	1.00	16.1	1.21	50×100×6×8	TW
	125×125×6.5×9	30.31	23.8	847	136	5.29	294	47.0	3.11	1.19	35.0	1.52	62.5×125×6.5×9	
	150×150×7×10	40.55	31.9	1660	221	6.39	564	75.1	3.73	1.37	66.4	1.81	75×150×7×10	
	175×175×7.5×11	51.43	40.3	2900	331	7.50	984	112	4.37	1.55	115	2.11	87.5×175×7.5×11	
	200×200×8×12	64.28	50.5	4770	477	8.61	1600	160	4.99	1.73	185	2.40	100×200×8×12	
	#200×204×12×12	72.28	56.7	5030	503	8.35	1700	167	4.85	2.09	256	2.66	#100×204×12×12	
	250×250×9×14	92.18	72.4	10800	867	10.8	3650	292	6.29	2.08	412	2.99	125×250×9×14	
	#250×255×14×14	104.7	82.2	11500	919	10.5	3880	304	6.09	2.58	589	3.36	#125×255×14×14	
	#294×302×12×12	108.3	85.0	17000	1160	12.5	5520	365	7.14	2.83	858	3.98	#147×302×12×12	
	300×300×10×15	120.4	94.5	20500	1370	13.1	6760	450	7.49	2.47	798	3.64	150×300×10×15	
	300×305×15×15	135.4	106	21600	1440	12.6	7100	466	7.24	3.02	1110	4.05	150×305×15×15	
	#344×348×10×16	146.0	115	33300	1940	15.1	11200	646	8.78	2.67	1230	4.11	#172×348×10×16	
	350×350×12×19	173.9	137	40300	2300	15.2	13600	776	8.84	2.86	1520	4.18	175×350×12×19	

续表

类别	H型钢规格/mm ($h×b×t_1×t_2$)	截面积 A /cm²	质量 q /(kg/m)	$x—x$轴 I_x /cm⁴	W_x /cm³	i_x /cm	$y—y$轴 I_y /cm⁴	W_y /cm³	$i_y·i_{yT}$ /cm	重心 G_x /cm	I_{xT} /cm⁴	i_{xT} /cm	T型钢规格/mm ($h_T×b×t_1×t_2$)	类别
HW	#388×402×15×15	179.2	141	49200	2540	16.6	16300	809	9.52	3.69	2480	5.26	#194×402×15×15	TW
	#394×398×11×18	187.6	147	56400	2860	17.3	18900	951	10.0	3.01	2050	4.67	#197×398×11×18	
	400×400×13×21	219.5	172	66900	3340	17.5	22400	1120	10.1	3.21	2480	4.75	200×400×13×21	
	#400×408×21×21	251.5	197	71100	3560	16.8	23800	1170	9.73	4.07	3650	5.39	#200×480×21×21	
	#414×405×18×28	296.2	233	93000	4490	17.7	31000	1530	10.2	3.68	3620	4.95	#207×405×18×28	
	#428×407×20×35	361.4	284	119000	5580	18.2	39400	1930	10.4	3.90	4380	4.92	#214×407×20×35	
HM	148×100×6×9	27.25	21.4	1040	140	6.17	151	30.2	2.35	1.55	51.7	1.95	74×100×6×9	HM
	194×150×6×9	39.76	31.2	2740	283	8.30	508	67.7	3.57	1.78	125	2.50	97×150×6×9	
	244×175×7×11	56.24	44.1	6120	502	10.4	985	113	4.18	2.27	289	3.20	122×175×7×11	
	294×200×8×12	73.03	57.3	11400	779	12.5	1600	160	4.69	2.82	572	3.96	147×200×8×12	
	340×250×9×14	101.5	79.7	21700	1280	14.6	3650	292	6.00	3.09	1020	4.48	170×250×9×14	
	390×300×10×16	136.7	107	38900	2000	16.9	7210	481	7.26	3.40	1730	5.03	195×300×10×16	
	440×300×11×18	157.4	124	56100	2550	18.9	8110	541	7.18	4.05	2680	5.84	220×300×11×18	
	482×300×11×15	146.4	115	60800	2520	20.4	6770	451	6.80	4.90	3420	6.83	241×300×11×15	
	488×300×11×18	164.4	129	71400	2930	20.8	8120	541	7.03	4.65	3620	6.64	244×300×11×18	
	582×300×12×17	174.5	137	103000	3530	24.3	7670	511	6.63	6.39	6360	8.54	291×300×12×17	
	588×300×12×20	192.5	151	118000	4020	24.8	9020	601	6.85	6.08	6710	8.35	294×300×12×20	
	#594×302×14×23	222.4	175	137000	4620	24.9	10600	701	6.90	6.33	7920	8.44	#297×302×14×23	
HN	100×50×5×7	12.16	9.54	192	38.5	3.98	14.9	5.96	1.11	1.27	11.9	1.40	50×50×5×7	HN
	125×60×6×8	17.01	13.3	417	66.8	4.95	29.3	9.75	1.31	1.63	27.5	1.80	62.5×60×6×8	
	150×75×5×7	18.16	14.3	679	90.6	6.12	49.6	13.2	1.65	1.78	42.7	2.17	75×75×5×7	
	175×90×5×8	23.21	18.2	1220	140	7.26	97.6	21.7	2.05	1.92	70.7	2.47	87.5×90×5×8	
	198×99×4.5×7	23.59	18.5	1610	163	8.27	114	23.0	2.20	2.13	94.0	2.82	99×99×4.5×7	

类别	H型钢规格/mm ($h×b×t_1×t_2$)	截面积 A /cm²	质量 q /(kg/m)	I_x /cm⁴	W_x /cm³	i_x /cm	I_y /cm⁴	W_y /cm³	i_y,i_{yT} /cm	重心 G_x /cm	I_{xT} /cm⁴	i_{xT} /cm	T型钢规格/mm ($h_T×b×t_1×t_2$)	类别
HN	200×100×5.5×8	27.57	21.7	1880	188	8.25	134	26.8	2.21	2.27	115	2.88	100×100×5.5×8	HN
	248×124×5×8	32.89	25.8	3560	287	10.4	255	41.1	2.78	2.62	208	3.56	124×124×5×8	
	250×125×6×9	37.87	29.7	4080	326	10.4	294	47.0	2.79	2.78	249	3.62	125×125×6×9	
	298×149×5.5×8	41.55	32.6	6460	433	12.4	443	59.4	3.26	3.22	395	4.36	149×149×5.5×8	
	300×150×6.5×9	47.53	37.3	7350	490	12.4	508	67.7	3.27	3.38	465	4.42	150×150×6.5×9	
	346×174×6×9	53.19	41.8	11200	649	14.5	792	91.0	3.86	3.68	681	5.06	173×174×6×9	
	350×175×7×11	63.66	50.0	13700	782	14.7	985	113	3.93	3.74	816	5.06	175×175×7×11	
	#400×150×8×13	71.12	55.8	18800	942	16.3	734	97.9	3.21					
	396×199×7×11	72.16	56.7	20000	1010	16.7	1450	145	4.48	4.17	1190	5.76	198×199×7×11	
	400×200×8×13	84.12	66.0	23700	1190	16.8	1740	174	4.54	4.23	1400	5.76	200×200×8×13	
	#450×150×9×14	83.41	65.5	27100	1200	18.0	793	106	3.08					
	446×199×8×12	84.95	66.7	29000	1300	18.5	1580	159	4.31	5.07	1880	6.65	223×199×8×12	
	450×200×9×14	97.41	76.5	33700	1500	18.6	1870	187	4.38	5.13	2160	6.66	225×200×9×14	
	#500×150×10×16	98.23	77.1	38500	1540	19.8	907	121	3.04					
	496×199×9×14	101.3	79.5	41900	1690	20.3	1840	185	4.27	5.90	2840	7.49	248×199×9×14	
	500×200×10×6	114.2	89.6	47800	1910	20.5	2140	214	4.33	5.96	3210	7.50	250×200×10×16	
	#506×201×11×19	131.3	103	56500	2230	20.8	2580	257	4.43	5.95	3670	7.48	#253×201×11×19	
	596×199×10×15	121.2	95.1	69300	2330	23.9	1980	199	4.04	7.76	5200	9.27	298×199×10×15	
	600×200×11×17	135.2	106	78200	2610	24.1	2280	228	4.11	7.81	5820	9.28	300×200×11×17	
	#606×201×12×20	153.3	120	91000	3000	24.4	2720	271	4.21	7.76	6580	9.26	#303×201×12×20	
	#692×300×13×20	211.5	166	172000	4980	28.6	9020	602	6.53					
	700×300×13×24	235.5	185	201000	5760	29.3	10800	722	6.78					

注　"#"表示的规格为非常用规格。

附表 5 - 3　　　　　　　　　　　　普　通　槽　钢

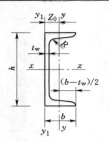

符号含义同普通工字型钢，但 W_y 为对应于翼缘肢尖的截面模量。

长度：型号 5～8，长 5～12m；
型号 10～18，长 5～19m；
型号 20～40，长 9～19m。

型号	尺　寸/mm					截面积 /cm²	质量/ (kg/ m)	x—x 轴			y—y 轴			y_1—y_1 轴	Z_0 /cm
	h	b	t_w	t	R			I_x /cm⁴	W_x /cm³	i_x /cm	I_y /cm⁴	W_y /cm³	i_y /cm	I_{y1} /cm⁴	
5	50	37	4.5	7.0	7.0	6.92	5.44	26	10.4	1.94	8.3	3.5	1.10	20.9	1.35
6.3	63	40	4.8	7.5	7.5	8.45	6.63	51	16.3	2.46	11.9	4.6	1.19	28.3	1.39
8	80	43	5.0	8.0	8.0	10.24	8.04	101	25.3	3.14	16.6	5.8	1.27	37.4	1.42
10	100	48	5.3	8.5	8.5	12.74	10.00	198	39.7	3.94	25.6	7.8	1.42	54.9	1.52
12.6	126	53	5.5	9.0	9.0	15.69	12.31	389	61.7	4.98	38.0	10.3	1.56	77.8	1.59
14 a	140	58	6.0	9.5	9.5	18.51	14.53	564	80.5	5.52	53.2	13.0	1.70	107.2	1.71
b		60	8.0	9.5	9.5	21.31	16.73	609	87.1	5.35	61.2	14.1	1.69	120.6	1.67
16 a	160	63	6.5	10.0	10.0	21.95	17.23	866	108.3	6.28	73.4	16.3	1.83	144.1	1.79
b		65	8.5	10.0	10.0	25.15	19.75	935	116.8	6.10	83.4	17.6	1.82	160.8	1.75
18 a	180	68	7.0	10.5	10.5	25.69	20.17	1273	141.4	7.04	98.6	20.0	1.96	189.7	1.88
b		70	9.0	10.5	10.5	29.29	22.99	1370	152.2	6.84	111.0	21.5	1.95	210.1	1.84
20 a	200	73	7.0	11.0	11.0	28.83	22.63	1780	178.0	7.86	128.0	24.2	2.11	244.0	2.01
b		75	9.0	11.0	11.0	32.83	25.77	1914	191.4	7.64	143.6	25.9	2.09	268.4	1.95
22 a	220	77	7.0	11.5	11.5	31.84	24.99	2394	217.6	8.67	157.8	28.2	2.23	298.2	2.10
b		79	9.0	11.5	11.5	36.24	28.45	2571	233.8	8.42	176.5	30.1	2.21	326.3	2.03
a		78	7.0	12.0	12.0	34.91	27.40	3359	268.7	9.81	175.9	30.7	2.24	324.8	2.07
25b	250	80	9.0	12.0	12.0	39.91	31.33	3619	289.6	9.52	196.4	32.7	2.22	355.1	1.99
c		82	11.0	12.0	12.0	44.91	35.25	3880	310.4	9.30	215.9	34.6	2.19	388.6	1.96
a		82	7.5	12.5	12.5	40.02	31.42	4753	339.5	10.90	217.9	35.7	2.33	393.3	2.09
28b	280	84	9.5	12.5	12.5	45.62	35.81	5118	365.6	10.59	241.5	37.9	2.30	428.5	2.02
c		86	11.5	12.5	12.5	51.22	40.21	5484	391.7	10.35	264.1	40.0	2.27	467.3	1.99
a		88	8.0	14.0	14.0	48.50	38.07	7511	469.4	12.44	304.7	46.4	2.51	547.5	2.24
32b	320	90	10.0	14.0	14.0	54.90	43.10	8057	503.5	12.11	335.6	49.1	2.47	592.9	2.16
c		92	12.0	14.0	14.0	61.30	48.12	8603	537.7	11.85	365.0	51.6	2.44	642.7	2.13
a		96	9.0	16.0	16.0	60.89	47.80	11874	659.7	13.96	455.0	63.6	2.73	818.5	2.44
36b	360	98	11.0	16.0	16.0	68.09	53.45	12652	702.9	13.63	496.7	66.9	2.70	880.5	2.37
c		100	13.0	16.0	16.0	75.29	59.10	13429	746.1	13.36	536.6	70.0	2.67	948.0	2.34
a		100	10.5	18.0	18.0	75.04	58.91	17578	878.9	15.30	592.0	78.8	2.81	1057.9	2.49
40b	400	102	12.5	18.0	18.0	83.04	65.19	18644	932.2	14.98	640.6	82.6	2.78	1135.8	2.44
c		104	14.5	18.0	18.0	91.04	71.47	19711	985.6	14.71	687.8	86.2	2.75	1220.3	2.42

附表 5－4　　　　　等　边　角　钢

| | | | | | | 单角钢 | | | | | | 双角钢 | | | | |

												i_y，当 a 为下列数值				
角钢型号	圆角 R	重心距 Z_0	截面积 A	质量	惯性矩 I_x	截面模量		回转半径			6mm	8mm	10mm	12mm	14mm
						W_x^{max}	W_x^{min}	i_x	i_{x0}	i_{y0}					
	mm		cm²	kg/m	cm⁴	cm³		cm			cm				
∠20× 3	3.5	6.0	1.13	0.89	0.40	0.66	0.29	0.59	0.75	0.39	1.08	1.17	1.25	1.34	1.43
4		6.4	1.46	1.15	0.50	0.78	0.36	0.58	0.73	0.38	1.11	1.19	1.28	1.37	1.46
∠25× 3	3.5	7.3	1.43	1.12	0.82	1.12	0.46	0.76	0.95	0.49	1.27	1.36	1.44	1.53	1.61
4		7.6	1.86	1.46	1.03	1.34	0.59	0.74	0.93	0.48	1.30	1.38	1.47	1.55	1.64
∠30× 3	4.5	8.5	1.75	1.37	1.46	1.72	0.68	0.91	1.15	0.59	1.47	1.55	1.63	1.71	1.80
4		8.9	2.28	1.79	1.84	2.08	0.87	0.90	1.13	0.58	1.49	1.57	1.65	1.74	1.82
3		10.0	2.11	1.66	2.58	2.59	0.99	1.11	1.39	0.71	1.70	1.78	1.86	1.94	2.03
∠36×4 4	4.5	10.4	2.76	2.16	3.29	3.18	1.28	1.09	1.38	0.70	1.73	1.80	1.89	1.97	2.05
5		10.7	3.38	2.65	3.95	3.68	1.56	1.08	1.36	0.70	1.75	1.83	1.91	1.99	2.08
3		10.9	2.36	1.85	3.59	3.28	1.23	1.23	1.55	0.79	1.86	1.94	2.01	2.09	2.18
∠40×4 4	5	11.3	3.09	2.42	4.60	4.05	1.60	1.22	1.54	0.79	1.88	1.96	2.04	2.12	2.20
5		11.7	3.79	2.98	5.53	4.72	1.96	1.21	1.52	0.78	1.90	1.98	2.06	2.14	2.23
3		12.2	2.66	2.09	5.17	4.25	1.58	1.39	1.76	0.90	2.06	2.14	2.21	2.29	2.37
∠45× 4	5	12.6	3.49	2.74	6.65	5.29	2.05	1.38	1.74	0.89	2.08	2.16	2.24	2.32	2.40
5		13.0	4.29	3.37	8.04	6.20	2.51	1.37	1.72	0.88	2.10	2.18	2.26	2.34	2.42
6		13.3	5.08	3.99	9.33	6.99	2.95	1.36	1.71	0.88	2.12	2.20	2.28	2.36	2.44
3		13.4	2.97	2.33	7.18	5.36	1.96	1.55	1.96	1.00	2.26	2.33	2.41	2.48	2.56
∠50× 4	5.5	13.8	3.90	3.06	9.26	6.70	2.56	1.54	1.94	0.99	2.28	2.36	2.43	2.51	2.59
5		14.2	4.80	3.77	11.21	7.90	3.13	1.53	1.92	0.98	2.30	2.38	2.45	2.53	2.61
6		14.6	5.69	4.46	13.05	8.95	3.68	1.51	1.91	0.98	2.32	2.40	2.48	2.56	2.64
3		14.8	3.34	2.62	10.19	6.86	2.48	1.75	2.20	1.13	2.50	2.57	2.64	2.72	2.80
∠56× 4	6	15.3	4.39	3.45	13.18	8.63	3.24	1.73	2.18	1.11	2.52	2.59	2.67	2.74	2.82
5		15.7	5.42	4.25	16.02	10.22	3.97	1.72	2.17	1.10	2.54	2.61	2.69	2.77	2.85
8		16.8	8.37	6.57	23.63	14.06	6.03	1.68	2.11	1.09	2.60	2.67	2.75	2.83	2.91
4		17.0	4.98	3.91	19.03	11.22	4.13	1.96	2.46	1.26	2.79	2.87	2.94	3.02	3.09
5		17.4	6.14	4.82	23.17	13.33	5.08	1.94	2.45	1.25	2.82	2.89	2.96	3.04	3.12
∠63×6 6	7	17.8	7.29	5.72	27.12	15.26	6.00	1.93	2.43	1.24	2.83	2.91	2.98	3.06	3.14
8		18.5	9.51	7.47	34.45	18.59	7.75	1.90	2.39	1.23	2.87	2.95	3.03	3.10	3.18
10		19.3	11.66	9.15	41.09	21.34	9.39	1.88	2.36	1.22	2.91	2.99	3.07	3.15	3.23
4		18.6	5.57	4.37	26.39	14.16	5.14	2.18	2.74	1.40	3.07	3.14	3.21	3.29	3.36
5		19.1	6.88	5.40	32.21	16.89	6.32	2.16	2.73	1.39	3.09	3.16	3.24	3.31	3.39
∠70×6 6	8	19.5	8.16	6.41	37.77	19.39	7.48	2.15	2.71	1.38	3.11	3.18	3.26	3.33	3.41
7		19.9	9.42	7.40	43.09	21.68	8.59	2.14	2.69	1.38	3.13	3.20	3.28	3.36	3.43
8		20.3	10.67	8.37	48.17	23.79	9.68	2.13	2.68	1.37	3.15	3.22	3.30	3.38	3.46

角钢型号	厚度	圆角 R	重心距 Z_0	截面积 A	质量	惯性矩 I_x	W_x^{max}	W_x^{min}	i_x	i_{x0}	i_{y0}	6mm	8mm	10mm	12mm	14mm
		mm	mm	cm²	kg/m	cm⁴	cm³	cm³	cm	cm	cm	cm	cm	cm	cm	cm
∠75×7	5	9	20.3	7.41	5.82	39.96	19.73	7.30	2.32	2.92	1.50	3.29	3.36	3.43	3.50	3.58
	6		20.7	8.80	6.91	46.91	22.69	8.63	2.31	2.91	1.49	3.31	3.38	3.45	3.53	3.60
	7		21.1	10.16	7.98	53.57	25.42	9.93	2.30	2.89	1.48	3.33	3.40	3.47	3.55	3.63
	8		21.5	11.50	9.03	59.96	27.93	11.20	2.28	2.87	1.47	3.35	3.42	3.50	3.57	3.65
	10		22.2	14.13	11.09	71.98	32.40	13.64	2.26	2.84	1.46	3.38	3.46	3.54	3.61	3.69
∠80×7	5	9	21.5	7.91	6.21	48.79	22.70	8.34	2.48	3.13	1.60	3.49	3.56	3.63	3.71	3.78
	6		21.9	9.40	7.38	57.35	26.16	9.87	2.47	3.11	1.59	3.51	3.58	3.65	3.73	3.80
	7		22.3	10.86	8.53	65.58	29.38	11.37	2.46	3.10	1.58	3.53	3.60	3.67	3.75	3.83
	8		22.7	12.30	9.66	73.50	32.36	12.83	2.44	3.08	1.57	3.55	3.62	3.70	3.77	3.85
	10		23.5	15.13	11.87	88.43	37.68	15.64	2.42	3.04	1.56	3.58	3.66	3.74	3.81	3.89
∠90×8	6	10	24.4	10.64	8.35	82.77	33.90	12.61	2.79	3.51	1.80	3.91	3.98	4.05	4.12	4.20
	7		24.8	12.30	9.66	94.83	38.28	14.54	2.78	3.50	1.78	3.93	4.00	4.07	4.14	4.22
	8		25.2	13.94	10.95	106.5	42.30	16.42	2.76	3.48	1.78	3.95	4.02	4.09	4.17	4.24
	10		25.9	17.17	13.48	128.6	49.57	20.07	2.74	3.45	1.76	3.98	4.06	4.13	4.21	4.28
	12		26.7	20.31	15.94	149.2	55.93	23.57	2.71	3.41	1.75	4.02	4.09	4.17	4.25	4.32
∠100×10	6	12	26.7	11.93	9.37	115.0	43.04	15.68	3.10	3.91	2.00	4.30	4.37	4.44	4.51	4.58
	7		27.1	13.80	10.83	131.9	48.57	18.10	3.09	3.89	1.99	4.32	4.39	4.46	4.53	4.61
	8		27.6	15.64	12.28	148.2	53.78	20.47	3.08	3.88	1.98	4.34	4.41	4.48	4.55	4.63
	10		28.4	19.26	15.12	179.5	63.29	25.06	3.05	3.84	1.96	4.38	4.45	4.52	4.60	4.67
	12		29.1	22.80	17.90	208.9	71.72	29.47	3.03	3.81	1.95	4.41	4.49	4.56	4.64	4.71
	14		29.9	26.26	20.61	236.5	79.19	33.73	3.00	3.77	1.94	4.45	4.53	4.60	4.68	4.75
	16		30.6	29.63	23.26	262.5	85.81	37.82	2.98	3.74	1.93	4.49	4.56	4.64	4.72	4.80
∠110×10	7	12	29.6	15.20	11.93	177.2	59.78	22.05	3.41	4.30	2.20	4.72	4.79	4.86	4.94	5.01
	8		30.1	17.24	13.53	199.5	66.36	24.95	3.40	4.28	2.19	4.74	4.81	4.88	4.96	5.03
	10		30.9	21.26	16.69	242.2	78.48	30.60	3.38	4.25	2.17	4.78	4.85	4.92	5.00	5.07
	12		31.6	25.20	19.78	282.6	89.34	36.05	3.35	4.22	2.15	4.82	4.89	4.96	5.04	5.11
	14		32.4	29.06	22.81	320.7	99.07	41.31	3.32	4.18	2.14	4.85	4.93	5.00	5.08	5.15
∠125×	8	14	33.7	19.75	15.50	297.0	88.20	32.52	3.88	4.88	2.50	5.34	5.41	5.48	5.55	5.62
	10		34.5	24.37	19.13	361.7	104.8	39.97	3.85	4.85	2.48	5.38	5.45	5.52	5.59	5.66
	12		35.3	28.91	22.70	423.2	119.9	47.17	3.83	4.82	2.46	5.41	5.48	5.56	5.63	5.70
	14		36.1	33.37	26.19	481.7	133.6	54.16	3.80	4.78	2.45	5.45	5.52	5.59	5.67	5.74
∠140×	10	14	38.2	27.37	21.49	514.7	134.6	50.58	4.34	5.46	2.78	5.98	6.05	6.12	6.20	6.27
	12		39.0	32.51	25.52	603.7	154.6	59.80	4.31	5.43	2.77	6.02	6.09	6.16	6.23	6.31
	14		39.8	37.57	29.49	688.8	173.0	68.75	4.28	5.40	2.75	6.06	6.13	6.20	6.27	6.34
	16		40.6	42.54	33.39	770.2	189.9	77.46	4.26	5.36	2.74	6.09	6.16	6.23	6.31	6.38

角钢型号	圆角 R	重心距 Z_0	截面积 A	质量	惯性矩 I_x	截面模量		回转半径			i_y，当 a 为下列数值				
						W_x^{max}	W_x^{min}	i_x	i_{x0}	i_{y0}	6mm	8mm	10mm	12mm	14mm
	mm		cm²	kg/m	cm⁴	cm³		cm			cm				
∠160× 10	16	43.1	31.50	24.73	779.5	180.8	66.70	4.97	6.27	3.20	6.78	6.85	6.92	6.99	7.06
12		43.9	37.44	29.39	916.6	208.6	78.98	4.95	6.24	3.18	6.82	6.89	6.96	7.03	7.10
14		44.7	43.30	33.99	1048	234.4	90.95	4.92	6.20	3.16	6.86	6.93	7.00	7.07	7.14
16		45.5	49.07	38.52	1175	258.3	102.6	4.89	6.17	3.14	6.89	6.96	7.03	7.10	7.18
∠180× 12	16	48.9	42.24	33.16	1321	270.0	100.8	5.59	7.05	3.58	7.63	7.70	7.77	7.84	7.91
14		49.7	48.90	38.38	1514	304.6	116.3	5.57	7.02	3.57	7.67	7.74	7.81	7.88	7.95
16		50.5	55.47	43.54	1701	336.9	131.4	5.54	6.98	3.55	7.70	7.77	7.84	7.91	7.98
18		51.3	61.95	48.63	1881	367.1	146.1	5.51	6.94	3.53	7.73	7.80	7.87	7.95	8.02
∠200×18 14	18	54.6	54.64	42.89	2104	385.1	144.7	6.20	7.82	3.98	8.47	8.54	8.61	8.67	8.75
16		55.4	62.01	48.68	2366	427.0	163.7	6.18	7.79	3.96	8.50	8.57	8.64	8.71	8.78
18		56.2	69.30	54.40	2621	466.5	182.2	6.15	7.75	3.94	8.53	8.60	8.67	8.75	8.82
20		56.9	76.50	60.06	2867	503.6	200.4	6.12	7.72	3.93	8.57	8.64	8.71	8.78	8.85
24		58.4	90.66	71.17	3338	571.5	235.8	6.07	7.64	3.90	8.63	8.71	8.78	8.85	8.92

附表 5-5　　　　　不 等 边 角 钢

角钢型号 $B×b×t$	圆角 R	重心距		截面积 A	质量	回转半径			i_{y1}，当 a 为下列数值				i_{y2}，当 a 为下列数值			
		Z_x	Z_y			i_x	i_y	i_{y0}	6mm	8mm	10mm	12mm	6mm	8mm	10mm	12mm
	mm			cm²	kg/m	cm			cm				cm			
∠25×16× 3	3.5	4.2	8.6	1.16	0.91	0.44	0.78	0.34	0.84	0.93	1.02	1.11	1.40	1.48	1.57	1.66
4		4.6	9.0	1.50	1.18	0.43	0.77	0.34	0.87	0.96	1.05	1.14	1.42	1.51	1.60	1.68
∠32×20× 3	3.5	4.9	10.8	1.49	1.17	0.55	1.01	0.43	0.97	1.05	1.14	1.23	1.71	1.79	1.88	1.96
4		5.3	11.2	1.94	1.52	0.54	1.00	0.43	0.99	1.08	1.16	1.25	1.74	1.82	1.90	1.99
∠45×25× 3	4	5.9	13.2	1.89	1.48	0.70	1.28	0.54	1.13	1.21	1.30	1.38	2.07	2.14	2.23	2.31
4		6.3	13.7	2.47	1.94	0.69	1.26	0.54	1.16	1.24	1.32	1.41	2.09	2.17	2.25	2.34
∠45×28× 3	5	6.4	14.7	2.15	1.69	0.79	1.44	0.61	1.23	1.31	1.39	1.47	2.28	2.36	2.44	2.52
4		6.8	15.1	2.81	2.20	0.78	1.43	0.60	1.25	1.33	1.41	1.50	2.31	2.39	2.47	2.55

角钢型号 $B×b×t$		圆角 R	重心距		截面积 A	质量	回转半径			i_{y1}，当 a 为下列数值				i_{y2}，当 a 为下列数值			
			Z_x	Z_y			i_x	i_y	i_{y0}	6mm	8mm	10mm	12mm	6mm	8mm	10mm	12mm
			mm		cm²	kg/m	cm			cm				cm			
∠50×32×	3	5.5	7.3	16.0	2.43	1.91	0.91	1.60	0.70	1.38	1.45	1.53	1.61	2.49	2.56	2.64	2.75
	4		7.7	16.5	3.18	2.49	0.90	1.59	0.69	1.40	1.47	1.55	1.64	2.51	2.59	2.67	2.75
∠56×36×4	3	6	8.0	17.8	2.74	2.15	1.03	1.80	0.79	1.51	1.59	1.66	1.74	2.75	2.82	2.90	2.98
	4		8.5	18.2	3.59	2.82	1.02	1.79	0.78	1.53	1.61	1.69	1.77	2.77	2.85	2.93	3.01
	5		8.8	18.7	4.42	3.47	1.01	1.77	0.78	1.56	1.63	1.71	1.79	2.80	2.88	2.96	3.04
∠63×40×	4	7	9.2	20.4	4.06	3.19	1.14	2.02	0.88	1.66	1.74	1.81	1.89	3.09	3.16	3.24	3.32
	5		9.5	20.8	4.99	3.92	1.12	2.00	0.87	1.68	1.76	1.84	1.92	3.11	3.19	3.27	3.35
	6		9.9	21.2	5.91	4.64	1.11	1.99	0.86	1.71	1.78	1.86	1.94	3.13	3.21	3.29	3.37
	7		10.3	21.6	6.80	5.34	1.10	1.97	0.86	1.73	1.81	1.89	1.97	3.16	3.24	3.32	3.40
∠70×45×	4	7.5	10.2	22.3	4.55	3.57	1.29	2.25	0.99	1.84	1.91	1.99	2.07	3.39	3.46	3.54	3.62
	5		10.6	22.8	5.61	4.40	1.28	2.23	0.98	1.86	1.94	2.01	2.09	3.41	3.49	3.57	3.64
	6		11.0	23.2	6.64	5.22	1.26	2.22	0.97	1.88	1.96	2.04	2.11	3.44	3.51	3.59	3.67
	7		11.3	23.6	7.66	6.01	1.25	2.20	0.97	1.90	1.98	2.06	2.14	3.46	3.54	3.61	3.69
∠75×50×	5	8	11.7	24.0	6.13	4.81	1.43	2.39	1.09	2.06	2.13	2.20	2.28	3.60	3.68	3.76	3.83
	6		12.1	24.4	7.26	5.70	1.42	2.38	1.08	2.08	2.15	2.23	2.30	3.63	3.70	3.78	3.86
	8		12.9	25.2	9.47	7.43	1.40	2.35	1.07	2.12	2.19	2.27	2.35	3.67	3.75	3.83	3.91
	10		13.6	26.0	11.6	9.10	1.38	2.33	1.06	2.16	2.24	2.31	2.40	3.71	3.79	3.87	3.95
∠80×50×	5	8	11.4	26.0	6.38	5.00	1.42	2.57	1.10	2.02	2.09	2.17	2.24	3.88	3.95	4.03	4.10
	6		11.8	26.5	7.56	5.93	1.41	2.55	1.09	2.04	2.11	2.19	2.27	3.90	3.98	4.05	4.13
	7		12.1	26.9	8.72	6.85	1.39	2.54	1.08	2.06	2.13	2.21	2.29	3.92	4.00	4.08	4.16
	8		12.5	27.3	9.87	7.75	1.38	2.52	1.07	2.08	2.15	2.23	2.31	3.94	4.02	4.10	4.18
∠90×56×	5	9	12.5	29.1	7.21	5.66	1.59	2.90	1.23	2.22	2.29	2.36	2.44	4.32	4.39	4.47	4.55
	6		12.9	29.5	8.56	6.72	1.58	2.88	1.22	2.24	2.31	2.39	2.46	4.34	4.42	4.50	4.57
	7		13.3	30.0	9.88	7.76	1.57	2.87	1.22	2.26	2.33	2.41	2.49	4.37	4.44	4.52	4.60
	8		13.6	30.4	11.2	8.78	1.56	2.85	1.21	2.28	2.35	2.43	2.51	4.39	4.47	4.54	4.62
∠100×63×	6	10	14.3	32.4	9.62	7.55	1.79	3.21	1.38	2.49	2.56	2.63	2.71	4.77	4.85	4.92	5.00
	7		14.7	32.8	11.1	8.72	1.78	3.20	1.37	2.51	2.58	2.65	2.73	4.80	4.87	4.95	5.03
	8		15.0	33.2	12.6	9.88	1.77	3.18	1.37	2.53	2.60	2.67	2.75	4.82	4.90	4.97	5.05
	10		15.8	34.0	15.5	12.1	1.75	3.15	1.35	2.57	2.64	2.72	2.79	4.86	4.94	5.02	5.10

单角钢　双角钢

续表

单角钢　　双角钢

角钢型号 B×b×t	圆角 R	重心距 Zx	Zy	截面积 A	质量	回转半径 ix	iy	iy0	iy1 当a为下列数值 6mm	8mm	10mm	12mm	iy2 当a为下列数值 6mm	8mm	10mm	12mm
		mm		cm²	kg/m	cm			cm				cm			
∠100×80× 6	10	19.7	29.5	10.6	8.35	2.40	3.17	1.73	3.31	3.38	3.45	3.52	4.54	4.62	4.69	4.76
7		20.1	30.0	12.3	9.66	2.39	3.16	1.71	3.32	3.39	3.47	3.54	4.57	4.64	4.71	4.79
8		20.5	30.4	13.9	10.9	2.37	3.15	1.71	3.34	3.41	3.49	3.56	4.59	4.66	4.73	4.81
10		21.3	31.2	17.2	13.5	2.35	3.12	1.69	3.38	3.45	3.53	3.60	4.63	4.70	4.78	4.85
∠110×70× 6	10	15.7	35.3	10.6	8.35	2.01	3.54	1.54	2.74	2.81	2.88	2.96	5.21	5.29	5.36	5.44
7		16.1	35.7	12.3	9.66	2.00	3.53	1.53	2.76	2.83	2.90	2.98	5.24	5.31	5.39	5.46
8		16.5	36.2	13.9	10.9	1.98	3.51	1.53	2.78	2.85	2.92	3.00	5.26	5.34	5.41	5.49
10		17.2	37.0	17.2	13.5	1.96	3.48	1.51	2.82	2.89	2.96	3.04	5.30	5.38	5.46	5.53
∠125×80× 7	11	18.0	40.1	14.1	11.1	2.30	4.02	1.76	3.13	3.18	3.25	3.33	5.90	5.97	6.04	6.12
8		18.4	40.6	16.0	12.6	2.29	4.01	1.75	3.13	3.20	3.27	3.35	5.92	5.99	6.07	6.14
10		19.2	41.4	19.7	15.5	2.26	3.98	1.74	3.17	3.24	3.31	3.39	5.96	6.04	6.11	6.19
12		20.0	42.2	23.4	18.3	2.24	3.95	1.72	3.20	3.28	3.35	3.43	6.00	6.08	6.16	6.23
∠140×90× 8	12	20.4	45.0	18.0	14.2	2.59	4.50	1.98	3.49	3.56	3.63	3.70	6.58	6.65	6.73	6.80
10		21.2	45.8	22.3	17.5	2.56	4.47	1.96	3.52	3.59	3.66	3.73	6.62	6.70	6.77	6.85
12		21.9	46.6	26.4	20.7	2.54	4.44	1.95	3.56	3.63	3.70	3.77	6.66	6.74	6.81	6.89
14		22.7	47.4	30.5	23.9	2.51	4.42	1.94	3.59	3.66	3.74	3.81	6.70	6.78	6.86	6.93
∠160×100× 10	13	22.8	52.4	25.3	19.9	2.85	5.14	2.19	3.84	3.91	3.98	4.05	7.55	7.63	7.70	7.78
12		23.6	53.2	30.1	23.6	2.82	5.11	2.18	3.87	3.94	4.01	4.09	7.60	7.67	7.75	7.82
14		24.3	54.0	34.7	27.2	2.80	5.08	2.16	3.91	3.98	4.05	4.12	7.64	7.71	7.79	7.86
16		25.1	54.8	39.3	30.8	2.77	5.05	2.15	3.94	4.02	4.09	4.16	7.68	7.75	7.83	7.90
∠180×110× 10	14	24.4	58.9	28.4	22.3	3.13	5.81	2.42	4.16	4.23	4.30	4.36	8.49	8.56	8.63	8.71
12		25.2	59.8	33.7	26.5	3.10	5.78	2.40	4.19	4.26	4.33	4.40	8.53	8.60	8.68	8.75
14		25.9	60.6	39.0	30.6	3.08	5.75	2.39	4.23	4.30	4.37	4.44	8.57	8.64	8.72	8.79
16		26.7	61.4	44.1	34.6	3.05	5.72	2.37	4.26	4.33	4.40	4.47	8.61	8.68	8.76	8.84
∠200×125× 12	14	28.3	65.4	37.9	29.8	3.57	6.44	2.75	4.75	4.82	4.88	4.95	9.39	9.47	9.54	9.62
14		29.1	66.2	43.9	34.4	3.54	6.41	2.73	4.78	4.85	4.92	4.99	9.43	9.51	9.58	9.66
16		29.9	67.0	49.7	39.0	3.52	6.38	2.71	4.81	4.88	4.95	5.02	9.47	9.55	9.62	9.70
18		30.6	67.8	55.5	43.6	3.49	6.35	2.70	4.85	4.92	4.99	5.06	9.51	9.59	9.66	9.74

注　一个角钢的惯性矩 $I_x = Ai_x^2$，$I_y = Ai_y^2$；一个角钢的截面模量 $W_x^{max} = I_x/Z_x$，$W_x^{min} = I_x/(b-Z_x)$；$W_y^{max} = I_y/Z_y$，$W_y^{min} = I_y/(B-Z_y)$。

附表 5-6 　　　　　　　　　　　热　轧　无　缝　钢　管

I—截面惯性矩；
W—截面模量；
i—截面回转半径。

尺寸/mm		截面面积/cm²	每米质量/(kg/m)	截面特性			尺寸/mm		截面面积/cm²	每米质量/(kg/m)	截面特性		
d	t			I/cm⁴	W/cm³	i/cm	d	t			I/cm⁴	W/cm³	i/cm
32	2.5	2.32	1.82	2.54	1.59	1.05	57	3.0	5.09	4.00	18.61	6.53	1.91
	3.0	2.73	2.15	2.90	1.82	1.03		3.5	5.88	4.62	21.14	7.42	1.90
	3.5	3.13	2.46	3.23	2.02	1.02		4.0	6.66	5.23	23.52	8.25	1.88
	4.0	3.52	2.76	3.52	2.20	1.00		4.5	7.42	5.83	25.76	9.04	1.86
38	2.5	2.79	2.19	4.41	2.32	1.26		5.0	8.17	6.41	27.86	9.78	1.85
	3.0	3.30	2.59	5.09	2.68	1.24		5.5	8.90	6.99	29.84	10.47	1.83
	3.5	3.79	2.98	5.70	3.00	1.23		6.0	9.61	7.55	31.69	11.12	1.82
	4.0	4.27	3.35	6.26	3.29	1.21	60	3.0	5.37	4.22	21.88	7.29	2.02
42	2.5	3.10	2.44	6.07	2.89	1.40		3.5	6.21	4.88	24.88	8.29	2.00
	3.0	3.68	2.89	7.03	3.35	1.38		4.0	7.04	5.52	27.73	9.24	1.98
	3.5	4.23	3.32	7.91	3.77	1.37		4.5	7.85	6.16	30.41	10.14	1.97
	4.0	4.78	3.75	8.71	4.15	1.35		5.0	8.64	6.78	32.94	10.98	1.95
45	2.5	3.34	2.62	7.56	3.36	1.51		5.5	9.42	7.39	35.32	11.77	1.94
	3.0	3.96	3.11	8.77	3.90	1.49		6.0	10.18	7.99	37.56	12.52	1.92
	3.5	4.56	3.58	9.89	4.40	1.47	63.5	3.0	5.70	4.48	26.15	8.24	2.14
	4.0	5.15	4.04	10.93	4.86	1.46		3.5	6.60	5.18	29.79	9.38	2.12
50	2.5	3.73	2.93	10.55	4.22	1.68		4.0	7.48	5.87	33.24	10.47	2.11
	3.0	4.43	3.48	12.28	4.91	1.67		4.5	8.34	6.55	36.50	11.50	2.09
	3.5	5.11	4.01	13.90	5.56	1.65		5.0	9.19	7.21	39.60	12.47	2.08
	4.0	5.78	4.54	15.41	6.16	1.63		5.5	10.02	7.87	42.52	13.39	2.06
	4.5	6.43	5.05	16.81	6.72	1.62		6.0	10.84	8.51	45.28	14.26	2.04
	5.0	7.07	5.55	18.11	7.25	1.60	68	3.0	6.13	4.81	32.42	9.54	2.30
54	3.0	4.81	3.77	15.68	5.81	1.81		3.5	7.09	5.57	36.99	10.88	2.28
	3.5	5.55	4.36	17.79	6.59	1.79		4.0	8.04	6.31	41.34	12.16	2.27
	4.0	6.28	4.93	19.76	7.32	1.77		4.5	8.98	7.05	45.47	13.37	2.25
	4.5	7.00	5.49	21.61	8.00	1.76		5.0	9.90	7.77	49.41	14.53	2.23
	5.0	7.70	6.04	23.34	8.64	1.74		5.5	10.80	8.48	53.14	15.63	2.22
	5.5	8.38	6.58	24.96	9.24	1.73		6.0	11.69	9.17	56.68	16.67	2.20
	6.0	9.05	7.10	26.46	9.80	1.71							

I—截面惯性矩；

W—截面模量；

i—截面回转半径。

尺寸/mm		截面面积/cm²	每米质量/(kg/m)	截面特性			尺寸/mm		截面面积/cm²	每米质量/(kg/m)	截面特性		
d	t			I/cm⁴	W/cm³	i/cm	d	t			I/cm⁴	W/cm³	i/cm
70	3.0	6.31	4.96	35.50	10.14	2.37	89	3.5	9.40	7.38	86.05	19.34	3.03
	3.5	7.31	5.74	40.53	11.58	2.35		4.0	10.68	8.38	96.68	21.73	3.01
	4.0	8.29	6.51	45.33	12.95	2.34		4.5	11.95	9.38	106.92	24.03	2.99
	4.5	9.26	7.27	49.89	14.26	2.32		5.0	13.19	10.36	116.79	26.24	2.98
	5.0	10.21	8.01	54.24	15.50	2.30		5.5	14.43	11.33	126.29	28.38	2.96
	5.5	11.14	8.75	58.38	16.68	2.29		6.0	15.65	12.28	135.43	30.43	2.94
	6.0	12.06	9.47	62.31	17.80	2.27		6.5	16.85	13.22	144.22	32.41	2.93
73	3.0	6.60	5.18	40.48	11.09	2.48		7.0	18.03	14.16	152.67	34.31	2.91
	3.5	7.64	6.00	46.26	12.67	2.46	95	3.5	10.06	7.90	105.45	22.20	3.24
	4.0	8.67	6.81	51.78	14.19	2.44		4.0	11.44	8.98	118.60	24.97	3.22
	4.5	9.68	7.60	57.04	15.63	2.43		4.5	12.79	10.04	131.31	27.64	3.20
	5.0	10.68	8.38	62.07	17.01	2.41		5.0	14.14	11.10	143.58	30.23	3.19
	5.5	11.66	9.16	66.87	18.32	2.39		5.5	15.46	12.14	155.43	32.72	3.17
	6.0	12.63	9.91	71.43	19.57	2.38		6.0	16.78	13.17	166.86	35.13	3.15
76	3.0	6.88	5.40	45.91	12.08	2.58		6.5	18.07	14.19	177.89	37.45	3.14
	3.5	7.97	6.26	52.50	13.82	2.57		7.0	19.35	15.19	188.51	39.69	3.12
	4.0	9.05	7.10	58.81	15.48	2.55	102	3.5	10.83	8.50	131.52	25.79	3.48
	4.5	10.11	7.93	64.85	17.07	2.53		4.0	12.32	9.67	148.09	29.04	3.47
	5.0	11.15	8.75	70.62	18.59	2.52		4.5	13.78	10.82	164.14	32.18	3.45
	5.5	12.18	9.56	76.14	20.04	2.50		5.0	15.24	11.96	179.68	35.23	3.43
	6.0	13.19	10.36	81.41	21.42	2.48		5.5	16.67	13.09	194.72	38.18	3.42
83	3.5	8.74	6.86	69.19	16.67	2.81		6.0	18.10	14.21	209.28	41.03	3.40
	4.0	9.93	7.79	77.64	18.71	2.80		6.5	19.50	15.31	223.35	43.79	3.38
	4.5	11.10	8.71	85.76	20.67	2.78		7.0	20.89	16.40	236.96	46.46	3.37
	5.0	12.25	9.62	93.56	22.54	2.76	114	4.0	13.82	10.85	209.35	36.73	3.89
	5.5	13.39	10.51	101.04	24.35	2.75		4.5	15.48	12.15	232.41	40.77	3.87
	6.0	14.51	11.39	108.22	26.08	2.73		5.0	17.12	13.44	254.81	44.70	3.86
	6.5	15.62	12.26	115.10	27.74	2.71		5.5	18.75	14.72	276.58	48.52	3.84
	7.0	16.71	13.12	121.69	29.32	2.70		6.0	20.36	15.98	297.73	52.23	3.82

I—截面惯性矩;
W—截面模量;
i—截面回转半径。

尺寸/mm		截面面积	每米质量	截面特性			尺寸/mm		截面面积	每米质量	截面特性		
d	t	/cm²	/(kg/m)	I /cm⁴	W /cm³	i /cm	d	t	/cm²	/(kg/m)	I /cm⁴	W /cm³	i /cm
114	6.5	21.95	17.23	318.26	55.84	3.81	140	4.5	19.16	15.04	440.12	62.87	4.79
	7.0	23.53	18.47	338.19	59.33	3.79		5.0	21.21	16.65	483.76	69.11	4.78
	7.5	25.09	19.70	357.58	62.73	3.77		5.5	23.24	18.24	526.40	75.20	4.76
	8.0	26.64	20.91	376.30	66.02	3.76		6.0	25.26	19.83	568.06	81.15	4.74
121	4.0	14.70	11.54	251.87	41.63	4.14		6.5	27.26	21.40	608.76	86.97	4.73
	4.5	16.47	12.93	279.83	46.25	4.12		7.0	29.25	22.96	648.51	92.64	4.71
	5.0	18.22	14.30	307.05	50.75	4.11		7.5	31.22	24.51	687.32	98.19	4.69
	5.5	19.96	15.67	333.54	55.13	4.09		8.0	33.18	26.04	725.21	103.60	4.68
	6.0	21.68	17.02	359.32	59.39	4.07		9.0	37.04	29.08	798.29	114.04	4.64
	6.5	23.38	18.35	384.40	63.54	4.05		10	40.84	32.06	867.86	123.98	4.61
	7.0	25.07	19.68	408.80	67.57	4.04	146	4.5	20.00	15.70	501.16	68.65	5.01
	7.5	26.74	20.99	432.51	71.49	4.02		5.0	22.15	17.39	551.10	75.49	4.99
	8.0	28.40	22.29	455.57	75.30	4.01		5.5	24.28	19.06	599.95	82.19	4.97
127	4.0	15.46	12.13	292.61	46.08	4.35		6.0	26.39	20.72	647.73	88.73	4.95
	4.5	17.32	13.59	325.29	51.23	4.33		6.5	28.49	22.36	694.44	95.13	4.94
	5.0	19.16	15.04	357.14	56.24	4.32		7.0	30.57	24.00	740.12	101.39	4.92
	5.5	20.99	16.48	388.19	61.13	4.30		7.5	32.63	25.62	784.77	107.50	4.90
	6.0	22.81	17.90	418.44	65.90	4.28		8.0	34.68	27.23	828.41	113.48	4.89
	6.5	24.61	19.32	447.92	70.54	4.27		9.0	38.74	30.41	912.71	125.03	4.85
	7.0	26.39	20.72	476.63	75.06	4.25		10	42.73	33.54	993.16	136.05	4.82
	7.5	28.16	22.10	504.58	79.46	4.23	152	4.5	20.85	16.37	567.61	74.69	5.22
	8.0	29.91	23.48	531.80	83.75	4.22		5.0	23.09	18.13	624.43	82.16	5.20
133	4.0	16.21	12.73	337.53	50.76	4.56		5.5	25.31	19.87	680.06	89.48	5.18
	4.5	18.17	14.26	375.42	56.45	4.55		6.0	27.52	21.60	734.52	96.65	5.17
	5.0	20.11	15.78	412.40	62.02	4.53		6.5	29.71	23.32	787.82	103.66	5.15
	5.5	22.03	17.29	448.50	67.44	4.51		7.0	31.89	25.03	839.99	110.52	5.13
	6.0	23.94	18.79	483.72	72.74	4.50		7.5	34.05	26.73	891.03	117.24	5.12
	6.5	25.83	20.28	518.07	77.91	4.48		8.0	36.19	28.41	940.97	123.81	5.10
	7.0	27.71	21.75	551.58	82.94	4.46		9.0	40.43	31.74	1037.59	136.53	5.07
	7.5	29.57	23.21	584.25	87.86	4.45		10	44.61	35.02	1129.99	148.68	5.03
	8.0	31.42	24.66	616.11	92.65	4.43							

I—截面惯性矩；
W—截面模量；
i—截面回转半径。

尺寸/mm		截面面积 /cm²	每米质量 /(kg/m)	截面特性			尺寸/mm		截面面积 /cm²	每米质量 /(kg/m)	截面特性		
d	*t*			*I* /cm⁴	*W* /cm³	*i* /cm	*d*	*t*			*I* /cm⁴	*W* /cm³	*i* /cm
159	4.5	21.84	17.15	652.27	82.05	5.46	194	5.0	29.69	23.31	1326.54	136.76	6.68
	5.0	24.19	18.99	717.88	90.30	5.45		5.5	32.57	25.57	1447.86	149.26	6.67
	5.5	26.52	20.82	782.18	98.39	5.43		6.0	35.44	27.82	1567.21	161.57	6.65
	6.0	28.84	22.64	845.19	106.31	5.41		6.5	38.29	30.06	1684.61	173.67	6.63
	6.5	31.14	24.45	906.92	114.08	5.40		7.0	41.12	32.28	1800.08	185.57	6.62
	7.0	33.43	26.24	967.41	121.69	5.38		7.5	43.94	34.50	1913.64	197.28	6.60
	7.5	35.70	28.02	1026.65	129.14	5.36		8.0	46.75	36.70	2025.31	208.79	6.58
	8.0	37.95	29.79	1084.67	136.44	5.35		9.0	52.31	41.06	2243.08	231.25	6.55
	9.0	42.41	33.29	1197.12	150.58	5.31		10	57.81	45.38	2453.55	252.94	6.51
	10	46.81	36.75	1304.88	164.14	5.28		12	68.61	53.86	2853.25	294.15	6.45
168	4.5	23.11	18.14	772.96	92.02	5.78	203	6.0	37.13	29.15	1803.07	177.64	6.97
	5.0	25.60	20.10	851.14	101.33	5.77		6.5	40.13	31.50	1938.81	191.02	6.95
	5.5	28.08	22.04	927.85	110.46	5.75		7.0	43.10	33.84	2072.43	204.18	6.93
	6.0	30.54	23.97	1003.12	119.42	5.73		7.5	46.06	36.16	2203.94	217.14	6.92
	6.5	32.98	25.89	1076.95	128.21	5.71		8.0	49.01	38.47	2333.37	229.89	6.90
	7.0	35.41	27.79	1149.36	136.83	5.70		9.0	54.85	43.06	2586.08	254.79	6.87
	7.5	37.82	29.69	1220.38	145.28	5.68		10	60.63	47.60	2830.72	278.89	6.83
	8.0	40.21	31.57	1290.01	153.57	5.66		12	72.01	56.52	3296.49	324.78	6.77
	9.0	44.96	35.29	1425.22	169.67	5.63		14	83.13	65.25	3732.07	367.69	6.70
	10	49.64	38.97	1555.13	185.13	5.60		16	94.00	73.79	4138.78	407.76	6.64
180	5.0	27.49	21.58	1053.17	117.02	6.19	219	6.0	40.15	31.52	2278.74	208.10	7.53
	5.5	30.15	23.67	1148.79	127.64	6.17		6.5	43.39	34.06	2451.64	223.89	7.52
	6.0	32.80	25.75	1242.72	138.08	6.16		7.0	46.62	36.60	2622.04	239.46	7.50
	6.5	35.43	27.81	1335.00	148.33	6.14		7.5	49.83	39.12	2789.96	254.79	7.48
	7.0	38.04	29.87	1425.63	158.40	6.12		8.0	53.03	41.63	2955.43	269.90	7.47
	7.5	40.64	31.91	1514.64	168.29	6.10		9.0	59.38	46.61	3279.12	299.46	7.43
	8.0	43.23	33.93	1602.04	178.00	6.09		10	65.66	51.54	3593.29	328.15	7.40
	9.0	48.35	37.95	1772.12	196.90	6.05		12	78.04	61.26	4193.81	383.00	7.33
	10	53.41	41.92	1936.01	215.11	6.02		14	90.16	70.78	4758.50	434.57	7.26
	12	63.33	49.72	2245.84	249.54	5.95		16	102.04	80.10	5288.81	483.00	7.20

I—截面惯性矩；
W—截面模量；
i—截面回转半径。

尺寸/mm		截面面积/cm²	每米质量/(kg/m)	截面特性			尺寸/mm		截面面积/cm²	每米质量/(kg/m)	截面特性		
d	t			I/cm⁴	W/cm³	i/cm	d	t			I/cm⁴	W/cm³	i/cm
245	6.5	48.70	38.23	3465.46	282.89	8.44	299	7.5	68.68	53.92	7300.02	488.30	10.31
	7.0	52.34	41.08	3709.06	302.78	8.42		8.0	73.14	57.41	7747.42	518.22	10.29
	7.5	55.96	43.93	3949.52	322.41	8.40		9.0	82.00	64.37	8628.09	577.13	10.26
	8.0	59.56	46.76	4186.87	341.79	8.38		10	90.79	71.27	9490.15	634.79	10.22
	9.0	66.73	52.38	4652.32	379.78	8.35		12	108.20	84.93	11159.52	746.46	10.16
	10	73.83	57.95	5105.63	416.79	8.32		14	125.35	98.40	12757.61	853.35	10.09
	12	87.84	68.95	5976.67	487.89	8.25		16	142.25	111.67	14286.48	955.62	10.02
	14	101.60	79.76	6801.68	555.24	8.18	325	7.5	74.81	58.73	9431.80	580.42	11.23
	16	115.11	90.36	7582.30	618.96	8.12		8.0	79.67	62.54	10013.92	616.24	11.21
273	6.5	54.42	42.72	4834.18	354.15	9.42		9.0	89.35	70.14	11161.33	686.85	11.18
	7.0	58.50	45.92	5177.30	379.29	9.41		10	98.96	77.68	12286.52	756.09	11.14
	7.5	62.56	49.11	5516.47	404.14	9.39		12	118.00	92.63	14471.45	890.55	11.07
	8.0	66.60	52.28	5851.71	428.70	9.37		14	136.78	107.38	16570.98	1019.75	11.01
	9.0	74.64	58.60	6510.56	476.96	9.34		16	155.32	121.93	18587.38	1143.84	10.94
	10	82.62	64.86	7154.09	524.11	9.31	351	8.0	86.21	67.67	12684.36	722.76	12.13
	12	98.39	77.24	8396.14	615.10	9.24		9.0	96.70	75.91	14147.55	806.13	12.10
	14	113.91	89.42	9579.75	701.81	9.17		10	107.13	84.10	15584.62	888.01	12.06
	16	129.18	101.41	10706.79	784.38	9.10		12	127.80	100.32	18381.63	1047.39	11.99
								14	148.22	116.35	21077.86	1201.02	11.93
								16	168.39	132.19	23675.75	1349.05	11.86

附表 5－7 电 焊 钢 管

I—截面惯性矩；

W—截面模量；

i—截面回转半径。

尺寸/mm		截面面积/cm²	每米质量/(kg/m)	截面特性			尺寸/mm		截面面积/cm²	每米质量/(kg/m)	截面特性		
d	t			I/cm⁴	W/cm³	i/cm	d	t			I/cm⁴	W/cm³	i/cm
32	2.0	1.88	1.48	2.13	1.33	1.06	76	2.0	4.65	3.65	31.85	8.38	2.62
	2.5	2.32	1.82	2.54	1.59	1.05		2.5	5.77	4.53	39.03	10.27	2.60
38	2.0	2.26	1.78	3.68	1.93	1.27		3.0	6.88	5.40	45.91	12.08	2.58
	2.5	2.79	2.19	4.41	2.32	1.26		3.5	7.97	6.26	52.50	13.82	2.57
40	2.0	2.39	1.87	4.32	2.16	1.35		4.0	9.05	7.10	58.81	15.48	2.55
	2.5	2.95	2.31	5.20	2.60	1.33		4.5	10.11	7.93	64.85	17.07	2.53
42	2.0	2.51	1.97	5.04	2.40	1.42	83	2.0	5.09	4.00	41.76	10.06	2.86
	2.5	3.10	2.44	6.07	2.89	1.40		2.5	6.32	4.96	51.26	12.35	2.85
45	2.0	2.70	2.12	6.26	2.78	1.52		3.0	7.54	5.92	60.40	14.56	2.83
	2.5	3.34	2.62	7.56	3.36	1.51		3.5	8.74	6.86	69.19	16.67	2.81
	3.0	3.96	3.11	8.77	3.90	1.49		4.0	9.93	7.79	77.64	18.71	2.80
51	2.0	3.08	2.42	9.26	3.63	1.73		4.5	11.10	8.71	85.76	20.67	2.78
	2.5	3.81	2.99	11.23	4.40	1.72	89	2.0	5.47	4.29	51.75	11.63	3.08
	3.0	4.52	3.55	13.08	5.13	1.70		2.5	6.79	5.33	63.59	14.29	3.06
	3.5	5.22	4.10	14.81	5.81	1.68		3.0	8.11	6.36	75.02	16.86	3.04
53	2.0	3.20	2.52	10.43	3.94	1.80		3.5	9.40	7.38	86.05	19.34	3.03
	2.5	3.97	3.11	12.67	4.78	1.79		4.0	10.68	8.38	96.68	21.73	3.01
	3.0	4.71	3.70	14.78	5.58	1.77		4.5	11.95	9.38	106.92	24.03	2.99
	3.5	5.44	4.27	16.75	6.32	1.75	95	2.0	5.84	4.59	63.20	13.31	3.29
57	2.0	3.46	2.71	13.08	4.59	1.95		2.5	7.26	5.70	77.76	16.37	3.27
	2.5	4.28	3.36	15.93	5.59	1.93		3.0	8.67	6.81	91.83	19.33	3.25
	3.0	5.09	4.00	18.61	6.53	1.91		3.5	10.06	7.90	105.45	22.20	3.24
	3.5	5.88	4.62	21.14	7.42	1.90	102	2.0	6.28	4.93	78.57	15.41	3.54
60	2.0	3.64	2.86	15.34	5.11	2.05		2.5	7.81	6.13	96.77	18.97	3.52
	2.5	4.52	3.55	18.70	6.23	2.03		3.0	9.33	7.32	114.42	22.43	3.50
	3.0	5.37	4.22	21.88	7.29	2.02		3.5	10.83	8.50	131.52	25.79	3.48
	3.5	6.21	4.88	24.88	8.29	2.00		4.0	12.32	9.67	148.09	29.04	3.47
63.5	2.0	3.86	3.03	18.29	5.76	2.18		4.5	13.78	10.82	164.14	32.18	3.45
	2.5	4.79	3.76	22.32	7.03	2.16		5.0	15.24	11.96	179.68	35.23	3.43
	3.0	5.70	4.48	26.15	8.24	2.14	108	3.0	9.90	7.77	136.49	25.28	3.71
	3.5	6.60	5.18	29.79	9.38	2.12		3.5	11.49	9.02	157.02	29.08	3.70
70	2.0	4.27	3.35	24.72	7.06	2.41		4.0	13.07	10.26	176.95	32.77	3.68
	2.5	5.30	4.16	30.23	8.64	2.39	114	3.0	10.46	8.21	161.24	28.29	3.93
	3.0	6.31	4.96	35.50	10.14	2.37		3.5	12.15	9.54	185.63	32.57	3.91
	3.5	7.31	5.74	40.53	11.58	2.35		4.0	13.82	10.85	209.35	36.73	3.89
	4.5	9.26	7.27	49.89	14.26	2.32		4.5	15.48	12.15	232.41	40.77	3.87
								5.0	17.12	13.44	254.81	44.70	3.86

I—截面惯性矩；

W—截面模量；

i—截面回转半径。

尺寸/mm		截面面积 /cm²	每米质量 /(kg/m)	截面特性			尺寸/mm		截面面积 /cm²	每米质量 /(kg/m)	截面特性		
d	t			I /cm⁴	W /cm³	i /cm	d	t			I /cm⁴	W /cm³	i /cm
121	3.0	11.12	8.73	193.69	32.01	4.17	140	3.5	15.01	11.78	349.79	49.97	4.83
	3.5	12.92	10.14	223.17	36.89	4.16		4.0	17.09	13.42	395.47	56.50	4.81
	4.0	14.70	11.54	251.87	41.63	4.14		4.5	19.16	15.04	440.12	62.87	4.79
127	3.0	11.69	9.17	224.75	35.39	4.39		5.0	21.21	16.65	483.76	69.11	4.78
	3.5	13.58	10.66	259.11	40.80	4.37		5.5	23.24	18.24	526.40	75.20	4.76
	4.0	15.46	12.13	292.61	46.08	4.35	152	3.5	16.33	12.82	450.35	59.26	5.25
	4.5	17.32	13.59	325.29	51.23	4.33		4.0	18.60	14.60	509.59	67.05	5.23
	5.0	19.16	15.04	357.14	56.24	4.32		4.5	20.85	16.37	567.61	74.69	5.22
133	3.5	14.24	11.18	298.71	44.92	4.58		5.0	23.09	18.13	624.43	82.16	5.20
	4.0	16.21	12.73	337.53	50.76	4.56		5.5	25.31	19.87	680.06	89.48	5.18
	4.5	18.17	14.26	375.42	56.45	4.55							
	5.0	20.11	15.78	412.40	62.02	4.53							

附录六　型钢的螺栓（铆钉）准线表

附表 6-1 　　　　　　　　　　角 钢 上 的 准 线 表　　　　　　　　单位：mm

单 行 排 列			双 行 错 列				双 行 并 列			
角钢肢宽	e	最大孔径	角钢肢宽	e_1	e_2	最大孔径	角钢肢宽	e_1	e_2	最大孔径
40	25	12	125	55	85	23				
45	28	12	140	55	90	23	150	55	115	20
50	30	14	160	65	110	23	180	70	140	23
56	30	17	180	70	130	26	200	70	150	26
63	35	20	200	90	150	29	220	75	160	26
70	40	20	220	100	160	29	250	80	170	29
75	40	20	250	110	170	29				
80	45	23								
90	50	23								
100	55	26								
110	60	26								
125	65	26								

附表 6 - 2　　　　　　　　**工字钢和槽钢腹板及翼缘上的准线表**　　　　　　单位：mm

	工字钢型号	14	16	18	20	22	25	28	32	36	40	45	50	56	63
	e_{min}	45	45	45	50	50	55	60	65	65	70	75	75	75	75
	e	40	45	50	55	60	65	65	75	80	80	85	90	95	95
	槽钢型号	8	10	12.6	14	16	18	20	22	25	28	32	36	40	
	e_{min}			40	45	50	50	55	55	60	65	65	70	75	
	e	25	30	30	35	35	40	40	45	45	45	50	55	60	

附录七　螺栓和锚栓的规格

附表 7 - 1　　　　　　　　　　　**螺栓螺纹处有效截面面积**

公称直径/mm	12	14	16	18	20	22	24	27	30
螺栓有效截面面积 A_e/cm²	0.84	1.15	1.57	1.92	2.45	3.03	3.53	4.59	5.61
公称直径/mm	33	36	39	42	45	48	52	56	60
螺栓有效截面面积 A_e/cm²	6.94	8.17	9.76	11.2	13.1	14.7	17.6	20.3	23.6
公称直径/mm	64	68	72	76	80	85	90	95	100
螺栓有效截面面积 A_e/cm²	26.8	30.6	34.6	38.9	43.4	49.5	55.9	62.7	70.0

附表 7 - 2　　　　　　　　　　　　**锚　栓　规　格**

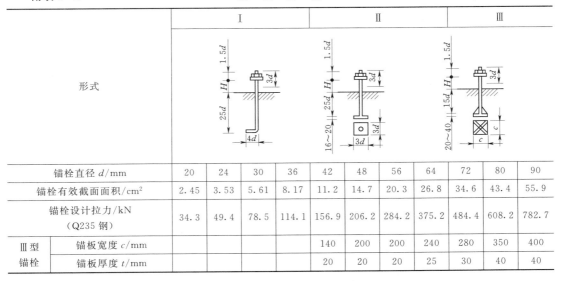

		Ⅰ				Ⅱ				Ⅲ		
锚栓直径 d/mm		20	24	30	36	42	48	56	64	72	80	90
锚栓有效截面面积/cm²		2.45	3.53	5.61	8.17	11.2	14.7	20.3	26.8	34.6	43.4	55.9
锚栓设计拉力/kN（Q235 钢）		34.3	49.4	78.5	114.1	156.9	206.2	284.2	375.2	484.4	608.2	782.7
Ⅲ型锚栓	锚板宽度 c/mm					140	200	200	240	280	350	400
	锚板厚度 t/mm					20	20	20	25	30	40	40

附表 7 - 3　　　　　　　**普通螺栓的标准直径及螺纹处的有效截面面积**

螺栓外径 d/mm	16	18	20	22	24	27	30	33	36	42	48
螺纹内径 d_e/mm	14.12	15.65	17.65	19.65	21.19	24.19	26.72	29.72	32.25	37.78	43.31
螺纹处有效截面面积 A_e/mm	156.7	192.5	244.8	303.4	352.5	459.4	560.6	693.6	816.7	1121.0	1473.0

附录八 摩 擦 系 数

附表 8-1 摩 擦 系 数

种类	材 料 及 工 作 条 件		系数值	
			最大	最小
滑动摩擦系数	钢对钢（干摩擦）		0.5~0.5	0.15
	钢对铸铁（干摩擦）		0.35	0.16
	钢对木材（有水时）		0.65	0.3
	钢基铜塑复合材料滑道及增强聚四氟乙烯板滑道对不锈钢，在清水中的压强 q	压强 $q>2.5\text{kN/mm}$	0.09	0.04
		压强 $q=2.5~2.0\text{kN/mm}$	0.09~0.11	0.05
		压强 $q=2.0~1.5\text{kN/mm}$	0.11~0.13	0.05
		压强 $q=1.5~1.0\text{kN/mm}$	0.13~0.15	0.06
		压强 $q<1.0\text{kN/mm}$	0.15	0.06
滑动轴承摩擦系数	钢对青铜（干摩擦）		0.30	0.16
	钢对青铜（有润滑）		0.25	0.12
	钢基铜塑复合材料对镀铬钢（不锈钢）		0.12~0.14	0.15
止水摩擦系数	橡胶对钢		0.70	0.35
	橡胶对不锈钢		0.50	0.20
	橡塑复合水封对不锈钢		0.20	0.05
滚动摩擦力臂	钢对钢		1mm	
	钢对铸铁		1mm	

注 轨道工作面粗糙度 $R_a=1.6\mu\text{m}$；滑道工作面粗糙度 $R_a=3.2\mu\text{m}$。

附录九 钢闸门自重估算公式

一、露顶式平面闸门

当 5m≤H≤8m 时：

$$G = k_x k_c k_g H^{1.43} B^{0.88} \times 9.8 \quad (\text{kN}) \qquad 附(9-1)$$

式中 H、B——孔口高度及宽度，m；

k_x——闸门行走支承系数，对滑动式支承，$k_x=0.81$，对于滚轮式支承，$k_x=1.0$，对于台车式支承，$k_x=1.3$；

k_c——材料系数，闸门用普通碳素钢时 $k_c=1.0$，用低合金钢时 $k_c=0.8$；

k_g——孔口高度系数，当 $H<5\text{m}$ 时，$k_g=0.156$，当 $5\text{m}≤H≤8\text{m}$ 时，$k_g=0.13$。

当 $H>8\text{m}$ 时：

$$G = 0.012 k_x k_c k_g H^{1.56} B^{0.85} \times 9.8 \quad (\text{kN}) \qquad 附(9-2)$$

式中符号意义、取值同前。

二、潜孔式平面滑动闸门

$$G = 0.022k_1k_2k_3A^{1.34}H_s^{0.63} \times 9.8 \quad (kN) \qquad 附（9-3）$$

式中　k_1——闸门工作性质系数，对工作门与事故门 $k_1=1.1$，对检修门 $k_1=1.0$；

k_2——孔口高宽比修正系数，当 $H/B \geqslant 2$ 时，$k_2=0.93$，$H/B<1$ 时，$k_2=1.1$，其他情况下，$k_2=1.0$；

k_3——水头修正系数，当 $H_s<70m$ 时，$k_3=1.0$，当 $H_s \geqslant 70m$ 时，$k_3=\left(\dfrac{H_s}{A}\right)^{1/4}$；

A——孔口面积，m^2；

H_s——设计水头，m。

三、潜孔式平面滑动闸门

$$G = 0.073k_1k_2k_3A^{0.93}H_s^{0.79} \times 9.8 \quad (kN) \qquad 附（9-4）$$

式中　k_1——闸门工作性质系数，对于工作门与事故门 $k_1=1.0$，对于检修门与导流门，$k_1=0.9$；

k_3——水头修正系数，当 $H_s<60m$ 时，$k_3=1.0$，$H_s \geqslant 60m$ 时，$k_3=\left(\dfrac{H_s}{A}\right)^{1/4}$；

其他符号意义、取值同前。

附录十　轴套的容许应力和混凝土的容许应力

附表 10-1　　　　　　　　　　　轴套的容许应力

轴和轴套的材料	符号	径向承压
钢对 10-3 铝青铜		50
钢对 10-1 锡青铜	$[\sigma_{cg}]$	40
钢对钢基铜塑复合材料		40

注　水下重要的轴衬、轴套的容许应力降低 20%。

附表 10-2　　　　　　　　　　　混凝土的容许应力

应力种类	符号	混凝土强度等级				
		C15	C20	C25	C30	C40
承压	$[\sigma_h]$	5	7	9	11	14

参 考 文 献

［1］ GB 50017—2017 钢结构设计标准［S］. 北京：中国建筑工业出版社，2018.

［2］ GB 50068—2018 建筑结构可靠度设计统一标准［S］. 北京：中国建筑工业出版社，2019.

［3］ GB 50009—2012 建筑结构荷载规范［S］. 北京：中国建筑工业出版社，2012.

［4］ GB 50661—2011 钢结构焊接规范［S］. 北京：中国建筑工业出版社，2012.

［5］ GB 50205—2017 钢结构工程施工质量验收规范［S］. 北京：中国计划出版社，2018.

［6］ SL 74—2019 水利水电工程钢闸门设计规范［S］. 北京：中国水利水电出版社，2019.

［7］ GB/T 50105—2010 建筑结构制图标准［S］. 北京：中国计划出版社，2011.

［8］ 姚谦. 钢结构原理［M］. 北京：中国建筑工业出版社，2020.

［9］ 曹平周，朱召泉. 钢结构［M］. 北京：中国电力出版社，2015.

［10］ 范崇仁. 水工钢结构（第五版）［M］. 北京：中国水利水电出版社，2019.